韩国家庭料理

한국가정요리

韩国家庭料理

发行日期 2012年3月16日 | **总编** 大宇证券社会服务团 | **发行处** Bookie(株) | **发行者** 朴允雨 | **注册日期** 2012年9月27日 | **注册编号** 第312-2012-000045号 | **地址** 首尔西大门区新村路3街 15 SANSEONG BUILDING 6层 | **咨询** 02)325-0846(tel), 02)3141-4066(fax) | **网址** www.bookie.co.kr | **电子邮件** webmaster@bookie.co.kr | **ISBN** 978-89-6051-204-7 14590, 978-89-6051-200-9 (set)

定价印刷在封底。如有印刷错误我们将为您更换。

Korean Family Foods

Date of Publication 2012. 3.16. | **Compiler** Community Service Group, KDB Daewoo Securities Co., Ltd. | **Publication** Publishing company Bookie | **Publisher** Yun Woo Park | **Registration Date** 2012.9. 27. | **Registration Number** 312-2012-000045 | **Address** 6th floor, Sanseong Bldg., 15, Sinchon-ro 3-gil Seodaemun-gu, Seoul, Korea | **Contact** 02) 325-0846(tel), 02) 3141-4066(fax) | **Website** www.bookie.co.kr | **E-mail** webmaster@bookie.co.kr | **ISBN** 978-89-6051-204-7 14590, 978-89-6051-200-9 (set)

The price is printed on the last back cover page. The book wrongly made will be exchanged.

한국 가정 요리

2012년 3월 16일 초판 1쇄 펴냄 | 2015년 12월 24일 초판 3쇄 펴냄

엮은이 대우증권(주) | **펴낸곳** 부키(주) | **펴낸이** 박윤우 | **등록일** 2012년 9월 27일 | **등록번호** 제312-2012-000045호 | **주소** 03785 서울 서대문구 신촌로3길 15 산성빌딩 6층 | **전화** 02) 325-0846 | **팩스** 02) 3141-4066 | **홈페이지** www.bookie.co.kr | **이메일** webmaster@bookie.co.kr | **ISBN** 978-89-6051-204-7 14590, 978-89-6051-200-9 (세트)

책값은 뒤표지에 있습니다. 잘못된 책은 구입하신 서점에서 바꿔 드립니다.
대우증권(주)은 이 책의 판매 수익금 전액을 다문화가정을 위한 활동과 지원에 사용합니다.

韩国餐桌上最常见的菜肴45道

韩国家庭料理

한국가정요리 한국 식탁에 가장 많이 올라오는 음식45

中文版 중국어판

大宇证券社会服务团 编

대우증권(주) 엮음

Bookie 부·키

目录
목차

Junbi Undong 准备运动 준비운동

Kimchi 泡菜
김치

Banchan ✎ 菜肴
반찬

🍲 节日饮食 명절 음식 72

Namul  拌菜

나물

Guk / Jjigae 汤/炖汤

국/찌개

Teukbyeol Yori 🥄特別料理
특별요리

Gansik/Teukbyeolsik 零食/特別餐
간식/특별식

Silyongjeongbo 实用信息 실용정보

随着IT信息实时共享的实现和交通、通讯手段的急速发展，超越国境的人数逐年增加，在此人群中相当多数人选择定期居住。韩国也有很多海外派驻人员、留学生、结婚移民者、外籍劳动者等约140万余名的外籍人士以多种形态与我们相居相邻。因此向外籍人士介绍韩国的文化和传统，让我们彼此融合，就变得更加重要了。

此次大宇证券社会服务团编写的『韩国家庭料理』不单单只是着重介绍韩国的传统菜肴，仔细介绍能让外国人亲手制作的烹饪方法也是一种介绍韩国饮食的方式，我相信，它不但对多国文化家庭有帮助，而且还有助于对韩国料理感兴趣的所有外籍人士。

— 李創世，韩国法务部出入境 外国人政策本部长

『韩国家庭料理』中收录了饭、汤、炖菜、泡菜、菜肴等日常菜肴以及节日饮食、庆典菜点、等多种韩国料理的烹饪方法。而且还有很多韩国人的饮食习惯和关于饮食的多种故事，烹饪材料和工具等实用信息。按照书中菜谱烹调，任何人都能作出美味的韩国家庭料理。听说会用多种语言出版，我相信这会对韩国饮食的世界化大有帮助。

— 金容漢，淑明女子大学韩国饮食研究院副院长

听说『韩国家庭料理』不但用英文出版，还用蒙古语、越南语、印尼语等10个国家语言出版我感到非常高兴。地球村爱心分享社团也致力于支持外籍劳动者、移民者、多国文化家庭的工作，正需要此类书籍。虽然目前只用10种语言出版，但我们希望今后能制作成用俄语、柬埔寨语等，更多种语言、更多样的大小和用途。

— 金海性，社团法人地球村自信分享

来韩国生活，做韩国菜肴不亚于难以与他人沟通。我非常想为丈夫做一手好吃的韩国菜。但我现在即听不懂韩国人说的话，又看不会用韩国语编写的菜谱。如今能这样看到用蒙古语编写的韩国菜谱我真感到万幸。

— 韓莎拉，来自蒙古的女性

IT 정보의 공유가 실시간 이루어지고 교통. 통신 수단이 급격히 발달함에 따라 국가 간 경계를 넘는 사람이 매년 증가하고 있으며 이들 중 상당수는 정주를 하고 있습니다. 한국에도 상사 주재원, 유학생, 결혼 이민자, 외국인근로자 등 약 140만여 명의 외국인들이 다양한 모습으로 우리와 이웃하며 살아가고 있습니다. 그에 따라 외국인들에게 한국의 문화와 전통을 알리고 더불어 잘 살아갈 수 있도록 돕는 일이 매우 중요해졌습니다.

이번에 대우증권(주)이 엮은 『한국 가정 요리』는 한국의 고유한 음식 소개를 넘어 외국인들이 직접 만들어볼 수 있도록 자세한 조리 방법도 실은 한국 음식 안내서로서. 다문화가정뿐만 아니라 한국 요리에 관심이 있는 모든 외국인들에게 큰 도움이 될 것이라 믿습니다.

— 이창세, 법무부 출입국 · 외국인정책본부장

『한국 가정 요리』에는 밥. 국. 찌개. 김치. 반찬 등 일상적인 음식에서부터 명절 음식, 잔치 음식, 간식에 이르기까지 다양한 한국 음식 조리법이 담겨 있습니다. 또 한국인의 식습관과 음식에 관한 다양한 이야기, 음식 재료와 도구 등에 관한 실용적인 정보가 있습니다. 이 책의 레시피대로 음식을 만들다 보면 누구나 쉽게 맛있는 한국 가정 요리를 만들 수 있습니다. 다양한 언어로 출간된다고 하니. 한국 음식 세계화에도 큰 도움이 될 것 같습니다.

— 김용한. 숙명여자대학교 한국음식연구원 부원장

『한국 가정 요리』가 영어뿐 아니라 몽골어. 베트남어. 인도네시아어 등 10개 국어로 출간된다니 매우 기쁩니다. 지구촌사랑나눔도 외국인노동자. 이주민과 다문화가족을 지원하는 일을 하고 있는데. 이런 책이 필요했습니다. 현재는 10개 언어로만 출간됐지만, 앞으로 러시아어나 캄보디아어 등 더 많은 언어로, 또 다양한 크기와 용도로 만들어지길 희망합니다.

— 김해성. 사단법인 지구촌사랑나눔

한국에 와서 살면서 사람들과 말이 잘 안 통하는 것 못지않게 힘든 것이 한국 요리 만들기였습니다. 남편에게 맛있는 한국 요리를 해주고 싶었습니다. 그러나 한국 사람이 하는 말은 아직도 잘 알아들을 수 없고 한국어로 된 요리책은 읽기가 힘들었습니다. 이제 이렇게 몽골어로 쓰인 한국 요리책을 만날 수 있어서 참 다행입니다.

— 한사라. 몽골 출신 여성

写在前面……

自2004年以来，韩国每年都有3万对以上的多国文化家庭诞生，这是超过结婚人数10%以上的数字。他们已经是我们社会新的家庭成员，但在语言、文化、教育、人权等多方面仍然难以适应韩国生活，我们不能否认我们的准备还尚有不足。

大宇证券社会服务团很早就已注意到这一现实，包括支援外国人免费医院，社会服务团还为学习辅导班，海外研修等各种多国文化家庭支援事业添着一份力量。此外，去年还用德语、蒙古语、越南语、英语、印尼语、汉语、泰国语、菲利宾语、法语等共9个国家的语言免费编制和分发了韩国料理书籍。不仅是多国文化家庭，海外派驻人员和留学生甚至国外居住的外籍人士都对此书表现出极大的关心。甚至还有人亲笔写来感谢信表示此书是自己正需要的书籍。

因此为了让汉国内外有更多地人认识此书，我们与出版单位Bookie合作，对内容进行了补充并重新进行了编辑，以『韩国家庭料理』为题正式出版。我们非常感谢，为实现韩食的世界化而进行研究的淑明女子大学韩国饮食研究院为我们提供韩国料理菜谱。吕尚炫先生　为我们拍摄料理照片，韩国外籍劳动者支援中心为我们提供多国语言翻译。

尽管只是小小的一本菜谱，我们希望它能为韩国的多国文化家庭以及居住在韩国的外籍人士适应韩国生活有所帮助，继而为向海外宣传韩国的优秀料理文化铺垫小小的基石。

谢谢！

谨代表，
大宇证券社会服务团
金成哲　致

이 책을 펴내며

우리나라에서는 2004년 이래 매년 3만 쌍 이상의 다문화가족이 탄생하고 있으며 이는 한 해 결혼자의 10퍼센트를 넘는 숫자입니다. 이들은 이미 우리 사회의 새로운 가족이지만, 아직까지 언어, 문화, 교육, 인권 등 다양한 측면에서 한국 생활 적응에 곤란을 겪고 있으며 우리의 준비가 부족했던 것 또한 부인할 수 없습니다.

대우증권(주)은 일찌감치 이러한 현실에 주목하여 외국인 무료병원 지원을 비롯해 공부방, 해외 연수 등 각종 다문화가족 지원 사업에 힘을 보탰습니다. 그리고 지난해에는 독일어, 몽골어, 베트남어, 영어, 인도네시아어, 중국어, 태국어, 필리핀어, 프랑스어 등 총 9개 국어로 한국 요리 책을 만들어 무료 배포했습니다. 다문화가족뿐 아니라 상사 주재원과 유학생, 심지어 국외에 거주하는 외국인들까지도 이 책에 큰 관심을 보였습니다. 자신에게 꼭 필요한 책이었다며 친필로 감사 편지를 보내온 이도 있었습니다.

그래서 국내외의 더 많은 사람들에게 이 책을 알리기 위해 도서출판 부키와 힘을 합쳐 내용을 보완하고 새롭게 편집하여 『한국 가정 요리』란 제목으로 출간하였습니다. 감사하게도, 요리 레시피는 한식의 세계화를 위해 연구하고 일하는 숙명여자대학교 한국음식연구원이 제공해주었고, 요리 사진은 사진작가 여상현 님이 찍어주었으며, 다국어 번역은 한국외국인근로자지원센터에서 맡아주었습니다.

비록 작은 요리책 한 권이지만, 다문화가족은 물론 국내에 거주하는 외국인들의 한국 생활 적응을 돕고, 나아가 해외에 한국의 우수한 요리 문화를 알리는 데 작은 초석이 되기를 바랍니다.

감사합니다.

대우증권(주)을 대표하여
김성철 씀

Junbi Undong

准备运动 준비운동

1 韩国人的饮食文化

bap（饭）、jang（酱）、kimchi（泡菜）

韩国语称吃东西为 "bap meok neun da"。韩国人有靠 **bapsim**（吃饭以后产生的力气）活着的话，还向经常见的人打招呼问："**bap meo geo sseo**（吃饭了吗）?"。就是将三餐称为 "bap"。可见对于韩国人来说，bap 是何等重要。

韩国人的饭桌上有 bap、有 **banchan**（菜）、**guk**（汤）、**jjigae**（炖汤）等，其中最为重要的是bap。所以说韩国饮食是从bap开始，以bap结束。

韩国人的饭桌上还有不可缺少的两样。第一个就是 **jang**（酱），是用黄豆发酵而成的传统饮食，有 "doenjang"、"ganjang"、"gochujang" 等。"jang" 可用来调菜肴的味道，也可添加特别的香味。韩国人的饭桌上另外绝不缺少的一样就是 **kimchi**（泡菜）。"kimchi" 是在蔬菜中拌入各种调料后发酵成的。每个地区、每一家庭的制作方法和味道都略有不同。一般是白菜、萝卜、小萝卜等蔬菜为主要材料，辣椒面、海鲜虾酱、葱、大蒜等为副材料。

sekki（三餐）

韩国人传统上一天吃三餐，称为 "achim（早饭）"，"jeomchim（午饭）"，"jeonyeok（晚饭）"。一般 "achim" 是一天工作开始之前吃；"jeomchim" 是中午时刻吃；"jeonyeok" 是一天日程结束后吃。现代社会家家户户的饮食习惯都有很大不同。在农村早餐和晚餐时间较早，但是在城市里也有很多家庭不吃早餐或简单吃早餐。吃饭时间也不同。三餐以外吃的食物叫做 "gansik" 或 "saecham"。

bap sang（饭桌）

韩国人的三餐 "bap sang" 上有以下食物：

bap："bap sang" 的中心就是 "bap"。除了用 "ssal" 焖的白米饭以外，有时还放入豆、大麦、小米等杂谷。有些时侯，面条或面包也会当作一顿饭吃，但是名字依然是饭桌。

banchan：就着bap一起吃，可以使 bap 更有味道的就是 banchan。kimchi、野菜、海鲜、肉等就是最好的菜肴。简单地吃饭时放两三种banchan就能吃好一顿饭，有时候甚至会摆上10种以上的banchan。

guk、jjigae：放入各种蔬菜和肉、海鲜等煮熟的汤水叫 "guk"。有些人不喝汤光吃饭会噎着。一般水多而清淡的叫 "guk"，汤料多味道浓的叫 "jjigae"。

husik（饭后甜点）

韩国人最喜欢吃的 "husik" 是 **gwail**（水果）。按季节春天一般吃草莓；夏天吃西瓜、香瓜；秋天和冬天吃苹果、桔子、梨等时令水果。"cha（茶）" 也是受欢迎的饭后甜点。最常见的是咖啡和绿茶。也喝 **nurongji**（锅巴汤）、**su jeong gwa**（水正果）之类的茶。

sukgarak、jeoggarak（匙子和筷子）

吃bap的时候使用的餐具叫 "sukgarak" 和 "jeoggarak"。用 sukgarak吃饭或喝汤，用jeoggarak夹菜吃。也将两个合起来叫作 "sujeo（匙筷）"。

饮食礼节

吃饭的时候要遵守的礼节如下：

· 长辈先拿起匙筷后才能拿起匙子，长辈用餐结束后才能结束用餐。

· 吃东西不能大声咀嚼。

· 饭碗或汤碗放在饭桌上吃。饭碗不拿起来吃。

· 不站着吃饭。

· 几个人吃的菜肴不能反复夹来夹去。

· 食物里有不能吃的骨头或鱼刺等的时候，应避免让旁人看见，并用纸包好或遮挡着放到别的碗里。

1 🏛 한국인의 음식 문화

밥과 장, 김치

한국말로는 음식을 먹는 것을 '밥 먹는다'라고 합니다. 한국인은 **밥심**으로 산다는 말도 있고, 자주 보는 사람에게는 인사로 **"밥 먹었어?"**라고 묻습니다. 식사를 '밥'이라고 부릅니다. 그만큼 한국인에게는 밥이 중요합니다.

한국인의 식탁에는 밥과 **반찬**과 **국**, **찌개** 등이 올라오지만, 가장 중심이 되는 것은 밥입니다. 그래서 한국 음식은 밥에서 시작해서 밥으로 끝난다고 말해도 과언이 아닙니다.

한국인의 식사에서 빼놓을 수 없는 것 두 가지가 더 있습니다. 첫 번째는 **장**입니다. 콩을 발효시켜 만드는 전통 음식으로, '된장', '간장', '고추장' 등이 있습니다. '장'은 음식에 간을 맞출 때도 쓰지만, 특별한 향미를 더해주기도 합니다.

또 하나, 절대 한국인의 밥상에서 빼놓을 수 없는 것은 **김치**입니다. '김치'는 야채에 갖은 양념을 해서 버무린 뒤 발효시키는 것입니다. 지역마다, 집집마다 만드는 방법이 조금씩 다르고 맛도 다릅니다. 흔히 배추, 무, 열무 같은 야채가 주재료가 되고, 고춧가루, 생선 젓갈, 파, 마늘 같은 것이 부재료가 됩니다.

세 끼

한국인은 전통적으로 하루에 세 끼를 먹습니다. '아침', '점심', '저녁'이라고 말하지요. 보통 '아침'은 하루 일을 시작하기 전에 먹고, '점심'은 해가 중천에 있을 때, '저녁'은 하루 일과를 거의 마무리한 뒤에 먹습니다. 현대 사회에서의 식사 습관은 집집마다 많이 다릅니다. 농촌에서는 아침 식사와 저녁 식사를 일찍 하지만, 도시에서는 아침을 거르거나 가볍게 먹는 집도 많습니다. 식사 시간도 많이 다르지요. 세 끼 이외에 먹는 음식은 '간식'이나 '새참'이라고 합니다.

밥상

하루 세 끼를 먹는 한국인의 밥상에는 이런 음식들이 올라옵니다.

밥 : '밥상'의 중심은 '밥'입니다. '쌀'로만 지은 흰 쌀밥 이외에도 콩, 보리, 좁쌀 같은 잡곡을 넣은 밥이 있습니다. 밥 대신 국수나 빵으로 한 끼를 먹기도 하지만, 그래도 여전히 이름은 밥상입니다.

반찬 : 밥을 맛있게 먹도록 도와주는 것을 반찬이라고 합니다. 김치, 나물, 생선, 고기 등이 바로 반찬이지요. 간단하게 먹을 때는 두세 가지 반찬만으로 밥 한 그릇을 먹기도 하고, 잘 차려 먹을 때는 열 가지도 넘는 반찬으로 먹기도 합니다.

국, **찌개** : 여러 가지 야채와 고기, 해물 등을 넣고 끓인 국물을 '국'이라고 합니다. 국 없이 밥을 먹으면 체한다는 사람도 있습니다. 보통 국물이 많고 싱거운 것을 '국'이라고 하고, 건더기가 많고 맛이 진한 것을 '찌개'라고 합니다.

후식

한국인이 가장 즐겨 먹는 '후식'은 **과일**입니다. 계절별로 봄에는 딸기, 여름에는 수박, 참외, 가을과 겨울에는 사과, 귤, 배 등이 제철 과일입니다. '차'도 인기 있는 후식입니다. 가장 흔한 것이 커피와 녹차입니다. 그 외에 **누룽지**, **수정과** 같은 음료를 마시기도 합니다.

숟가락과 젓가락

밥을 먹을 때 쓰는 도구를 '숟가락'과 '젓가락'이라고 합니다. 숟가락으로는 밥이나 국물을 떠서 먹고, 젓가락은 음식을 집어 먹습니다. 둘을 합쳐서 '수저'라고도 부릅니다.

식사 예절

밥을 먹을 때 지키는 예절에는 이런 것들이 있습니다.

· 어른이 먼저 수저를 든 다음에 수저를 들며, 어른이 식사를 마친 뒤에 식사를 마친다.

· 음식을 소리 내어 씹지 않는다.

· 밥그릇이나 국그릇은 밥상 위에 두고 먹는다. 밥그릇을 들고 먹지 않는다.

· 일어서서 밥을 먹지 않는다.

· 여럿이 먹는 반찬을 집었다가 놓았다가 하지 않는다.

· 음식에서 뼈나 생선 가시 등 먹을 수 없는 것이 나오면 옆 사람에게 보이지 않도록 종이에 싸거
  나 다른 빈 그릇에 버린다.

2 jang (酱)

韩国人的传统饮食"jang"是用黄豆发酵做成的。
一般人都是花钱从超市里买着吃，但是亲自花时间和精力做着吃的话，会更健康更好吃。
本书不介绍做大酱的方法，只是简单介绍各种酱的吃法。

ganjang(酱油)

"ganjang"一般代替食盐，多用于调节食物的咸淡。除了咸味以外，还有独特的香味和甜味。

酱油主要分为两种。"jinganjang(浓酱油)"不仅有咸味还有甜味，可用于炖、炒等料理或其它食物蘸着吃。通常市场上卖的"yangjoganjang"几乎都是jinganjang。老人们也把jinganjang称作"waeganjang(汤酱油)"。（"jinganjang"是正确名称。）

另外，"gukganjang"通常称为"jipganjang"或"joseonganjang"，主要在熬汤或炖汤时调味用。下面介绍几种可蘸着吃的酱油的做法。

choganjang(醋酱油)：适用于油炸食品、油多的食品。将浓酱油和醋按3:1比例掺和。也可放白糖或料酒，还可以放一点水。

gochunaengi(辣根酱油)：浓酱油里掺辣根可去除去腥味。辣根通常称"wasabi"，上超市买"yeonwasabi"适当放些酱油搅拌即可。一般粘生鱼片吃。

yangnyeomganjang(佐料酱油)：可以卷紫菜吃或吃煎饼时蘸着吃。放入各种佐料还可用在其它各种用途。把葱、大蒜、芝麻盐、辣椒面、洋葱、青椒等放在酱油里泡制。

doenjang(大酱)

"doenjang"颜色黄且稠。可用来炖汤或熬汤，还可用青椒或黄瓜等蔬菜蘸着吃，吃包饭的时候也使用大酱。还有，烹饪猪肉料理或海鲜料理的时候，放点大酱可以明显去除腥味。

doenjang jjigae(大酱汤)：参考104页。

ssamjang(包饭酱)：莴苣或苏子叶放上肉后再放点包饭酱吃味道非常好。包饭酱是将大酱和辣椒酱以3:1的比率搅拌后，掺入香油、蒜末、洋葱末、芝麻盐、白糖或蜂蜜等做成的。

gochujang(辣椒酱)

"gochujang"颜色鲜红、味道辣。韩国人特别喜欢辣椒酱的辣味。做食物的时候使用辣椒酱来调辣味，有时还拌饭吃。

yak gochujang(药辣椒酱)：在"gochujang"中放入剁碎的猪肉、蜂蜜或糖稀搅拌后炒一下，没有胃口的时候，"yak gochujang"可以当菜吃。

chogochujang(醋辣椒酱)：生鱼片或新鲜的海鲜、蔬菜、等粘着'chogochujang'吃才最正宗。"gochujang"、醋、白糖按4:1:1比例搅拌均匀就是酸酸辣辣的"chogochujang"。

doenjang | 된장

2 장

한국인의 전통적인 음식인 '장'은 콩을 발효시켜서 만듭니다.
보통은 마트에서 사 먹는 경우가 많지만, 시간과 노력을 기울여서 직접 만들어 먹는다면 건강에 좋고 맛이 있습니다.
이 책에는 장을 담그는 법은 소개하지 않고, 대신 어떤 장을 어떻게 먹는지 간단하게 소개합니다.

ganjang | 간장

간장

'간장'은 보통 소금 대신 사용해서 음식의 간을 맞추는 데에 사용합니다. 짠맛 이외에도 특유의 구수한 맛과 달큰한 맛이 섞여 있습니다.

간장은 두 가지 종류가 있습니다. '진간장'은 짭짤하면서 달큰한 맛이 나는데 조림, 볶음 등의 요리 또는 다른 음식을 찍어 먹을 때 사용합니다. 흔히 시중에서 파는 '양조간장'들은 대개가 진간장입니다. 노인들은 진간장을 '왜간장'이라고 부르기도 합니다.('진간장'이 정확한 표현이에요.)

한편 '국간장'은 흔히 '집간장'이나 '조선간장'이라고도 부르는데, 국이나 찌개를 끓이면서 간을 맞출 때 주로 사용합니다. 찍어 먹는 간장을 만드는 법 몇 가지를 소개해볼까요.

초간장 : 튀긴 음식, 기름진 음식에 어울립니다. 진간장과 식초를 3:1 정도로 섞습니다. 설탕이나 맛술을 조금 섞어도 되고 물을 조금 섞어도 됩니다.

고추냉이 간장 : 비린내를 없앨 때는 진간장에 고추냉이를 섞습니다. 고추냉이는 흔히 '와사비'라고 부르는데, 마트에서 튜브에 든 '연와사비'를 사서 간장에 적당히 섞으면 됩니다. 흔히 생선회를 찍어 먹습니다.

양념간장 : 김을 싸 먹거나 전을 찍어 먹을 때, 기타 여러 용도로 간장에 여러 가지 양념을 넣어도 좋아요. 파, 마늘, 깨소금, 고춧가루, 양파, 청양고추 등을 간장에 섞어서 담아둡니다.

된장

'된장'은 색깔이 누렇고 걸쭉합니다. 찌개나 국을 끓이기도 하고, 풋고추나 오이 같은 야채를 찍어 먹기도 하며, 쌈을 먹을 때에도 사용합니다. 또 돼지고기 요리나 생선 요리를 할 때 비린내를 없애는 데 탁월한 효과가 있습니다.

된장찌개 : 104쪽 참조.

쌈장 : 상추나 깻잎에 고기를 얹은 후 쌈장을 조금 얹어서 먹으면 감칠맛이 납니다. 쌈장은 된장과 고추장을 3:1로 섞은 다음, 참기름, 다진 마늘, 다진 양파, 깨소금, 설탕이나 꿀 등을 섞어서 만듭니다.

고추장

'고추장'은 색깔이 새빨갛고, 매운맛이 납니다. 한국인은 고추장의 매운맛을 아주 좋아합니다. 음식을 만들 때 매운맛을 내기 위해 쓰기도 하고, 밥을 비벼 먹기도 합니다.

약고추장 : '고추장'에다 분쇄한 돼지고기와 꿀이나 물엿을 섞어서 달달 볶아두면, 밥맛 없을 때 밥반찬으로 좋은 맛있는 '약고추장'이 됩니다.

초고추장 : 생선회나 신선한 해물, 야채 숙회 등은 '초고추장'에 찍어 먹어야 제맛이지요. 고추장과 식초와 설탕을 4:1:1 정도의 비율로 잘 섞어주면 새콤달콤한 초고추장이 됩니다.

gochujang | 고추장

3 平时常备的基本佐料

无论是做什么食品，必需的基本佐料都要常准备好。
以下是冰箱应常备的材料。

gochugalu (辣椒面) 和 maneul (大蒜)

大部分食物都要放大蒜和辣椒面。因为无论是汤还是菜肴、拌野菜，所有菜都要使用这两样调料，所以家里没有了大蒜和辣椒面就麻烦了。蒜可以将生蒜用刀剁碎使用或购买市面上剁好的蒜。辣椒主要用于调辣味，大部分使用已经磨好的。除了大蒜和辣椒面以外，很多料理还使用大葱和洋葱。

chamgireum (香油)

油通常用于煎炸料理。想要做简单的煎荷包蛋也需要油。另一方面，香油主用途不是炒菜，而是为增添食物的香味。只要在汤、炖、野蔬菜、拌饭等所有食物中放入一滴香油就会增添香喷喷的味道。另外、还有香味有些不同的 "deulgireum"。

yuksujaeryo (肉汤材料)

要做肉汤料理时需要准备好肉汤材料。最基本的是大而宽的鳀鱼。干海带、干明太鱼、干虾、干蛤蜊等也是做肉汤时常用的材料。除海鲜以外，还使用蘑菇，洋葱，大葱等。请冷冻储存。

jeokgeol (虾酱)

将海鲜或其它海产品发酵的叫作 "jeokgeol" 一般在腌泡菜时使用，也可当菜吃，做菜的时候还可代替盐或酱油使用。有虾酱、鳀鱼酱、蛤蜊酱、鱿鱼酱、明太鱼籽酱等。

sipanchomiryo (市场销售的佐料)

很多人认为使用佐料对健康不好，所以很少使用。但是第一次尝试做韩国料理，实在调不出味道的时候，市场上销售的佐料也可使用一下。有 "miwon" "dasida" 等化学佐料，最近还销售没有经过化学处理的佐料。购买后应密封保管以免发硬。另外做菜的时候请先放佐料后再放食盐或酱油。

其它必备调料

食盐和白糖是家家户户理所当然必备的，要做美味的韩国料理，最好预先准备好这些调料。

食醋 要将蔬菜拌得酸一点，或者做醋酱、醋酱油时需要。

料酒 可去除肉的杂味，给食物添加特有的甜味。可以用料酒，也可以用清酒。

糖稀 可给食物添加甜味的同时还给食物增添光泽。

淀粉 做浓汤时使用，也可用于煎炸粉。

番茄酱、蛋黄酱 可粘蔬菜或肉料理吃。

胡椒 喝肉汤或油腻的食物时洒上吃。

3 🧂 항상 챙겨둬야 할 기본 재료

어떤 음식을 만들든지 꼭 필요한 기본 재료는 항상 준비해둬야 합니다.
냉장고에서 떨어지지 않도록 신경 써야 할 재료들은 이런 것들입니다.

고춧가루와 마늘

대부분의 음식에는 마늘과 고춧가루가 들어갑니다. 국이든 반찬이든 나물이든 가릴 것 없이 사용되는 양념이기 때문에 집에 마늘과 고춧가루가 떨어지면 곤란합니다. 마늘은 생마늘을 칼로 잘게 다져서 사용하거나 시판하는 다진 마늘을 이용합니다. 고춧가루는 매운맛을 낼 때 쓰는데, 대개 빻아놓은 것을 구입해서 이용합니다. 마늘과 고춧가루 이외에도 파와 양파 또한 많은 음식에 사용됩니다.

참기름

기름은 보통 부침이나 튀김 요리를 할 때 사용합니다. 간단하게 계란 프라이라도 해 먹으려면 기름이 있어야 하지요. 한편 참기름은 요리보다는 음식에 향기를 더하기 위해서 씁니다. 참기름은 국, 찌개, 나물, 비빔밥 등 어떤 음식에든 한 방울만 들어가면 고소한 맛을 더해줍니다. 비슷하지만 향기가 조금 다른 '들기름'도 있습니다.

육수 재료

모든 국물 요리를 만들기 위해서는 육수 재료를 준비해두어야 합니다. 가장 기본은 크고 넓적한 국멸치입니다. 마른 다시마, 마른 명태, 마른 새우, 조개 등이 육수를 낼 때 많이 사용하는 재료입니다. 해산물 이외에 버섯, 양파, 대파 등도 사용합니다. 냉동실에 넣어서 보관하세요.

젓갈

생선이나 기타 해산물을 삭힌 것을 '젓갈'이라고 합니다. 보통 김치를 담글 때 넣지만, 그냥 반찬으로 먹기도 하고 반찬을 만들 때 소금이나 간장 대신 쓰기도 합니다. 새우젓, 멸치액젓, 조개젓, 오징어젓, 명란젓 같은 것들이 있습니다.

시판 조미료

조미료를 쓰면 건강에 좋지 않다고 해서 별로 좋아하지 않는 사람들도 많습니다. 하지만 한국 음식을 처음 만들어보는데 음식 맛이 도무지 잘 나지 않는다면, 시판 조미료의 도움을 조금 받아보는 것도 좋습니다. '미원', '다시다' 같은 화학조미료도 있고, 최근에는 화학 처리를 하지 않은 자연조미료도 판매되고 있습니다. 구입하면 굳지 않도록 밀봉해서 보관하세요. 그리고 먼저 조미료를 넣은 뒤에 소금이나 간장을 넣습니다.

기타 챙겨두어야 할 것

집집마다 소금과 설탕 정도는 당연히 있는 것처럼, 한국 음식을 맛있게 만들기 위해서는 이런 재료들을 미리 챙겨두는 것이 좋습니다.

식초 야채를 새콤하게 무치거나 초장, 초간장을 만들 때 필요합니다.

맛술 고기의 잡냄새를 없애주고 음식에 특유의 단맛을 더해줍니다. 맛술을 써도 되고 청주를 써도 됩니다.

물엿 음식에 단맛과 함께 윤기를 더해줍니다.

녹말 걸쭉한 국물을 만들 때 쓰기도 하고, 튀김옷을 만들 때도 씁니다.

케첩, 마요네즈 야채나 고기 요리를 먹을 때 찍어 먹습니다.

후추 보통 고깃국이나 느끼한 음식에 뿌려 먹습니다.

4 烹饪器具

如果稍微多了解一下烹饪器具的使用方法，那么做起食物来会更得心应手。
补充一下，为了让烹饪器具寿命长些，也应该了解一下使用常识。

ttukbaegi (砂锅)

用陶做成的砂锅在韩国料理主要用于熬汤或炖菜。受热不快，同时凉得很慢，所以汤会一直热乎乎的。清洗时候请不要用洗涤剂，而是使用面粉或苏打来去除油质。

平底锅

为了防止食物糊在锅底上而给锅底镀了膜。不可以用锋利的东西刮表面，洗碗的时候也不能用粗糙的东西擦，以防止镀膜脱落。

便携式煤气炉

便携式煤气炉通常称作 "burusita"，使用丁烷气。虽然火力并不强，但是能在野外使用，特别是可以放在饭桌上直接使用。烤肉或涮火锅的时候使用很方便。使用以后煤气罐一定要分开保管。

微波炉

是利用微波将食物加热的机器。因为是对食物内部的水分加热，特别最适宜凉饭或食物加热。另一方面，使用微波炉时注意事项也很多。第一，一定要使用特殊制作的容器。使用金属容器的话，不仅会损坏容器，还容易引发火灾。第二，是不能将容器完全密封。压力增加会发生爆炸。还有煮板栗或鸡蛋时，应留出气眼以便蒸气散出。

压力电饭锅

是盖子密封非常强的锅。因为煮开的水蒸气不能外露，可将内容物用非常高的温度和高压进行料理。用高压锅焖的饭非常有黏性，也能将肉或炖菜在短时间内焖熟。可是打开压力锅盖子的时候要先把气完全放出去，确认好安全装置后才能打开。在气没有完全放出去时打开容易发生爆炸。

电动粉碎机

用于粉碎食物的时候。跟据里面装的切割器种类不同，可以将食物切成各种各样的形状。每次用的时候一定要拆卸洗净，特别是在运转的时候，千万不能放入异物，也不能将手指伸进去。

电饭锅

大部分电饭锅还有烹饪各种料理的功能。好好利用可以轻松做出蒸焖等菜肴。当然，其主要功能还是焖饭。

烤箱

是做西餐的时候常使用的机器。原理是利用高温热气将食物烤熟。在韩国，烤箱并非家家都有。只能使用耐热的容器，因为桶身会发烫，所以使用时一定要小心不要被烧伤。

4 🥄 조리 도구

조리 도구의 활용법을 조금만 더 잘 알아두면 음식을 훨씬 더 쉽게 만들 수 있습니다.
덧붙여 조리 도구의 수명을 오래 가게 하려면 알아두어야 할 것들이 있습니다.

뚝배기

오지로 만든 뚝배기는 한국 음식 중에서 찌개를 끓이거나 찜 요리를 할 때 특히 유용합니다. 빨리 끓지 않는 대신에 빨리 식지도 않기 때문에 내내 따끈따끈하게 즐길 수 있지요. 설거지할 때는 세제를 쓰지 말고 밀가루나 소다로 기름기를 제거하세요.

프라이팬

음식 재료가 눌어붙는 것을 방지하기 위해서 코팅이 되어 있습니다. 날카로운 물건으로 겉을 긁거나, 또는 설거지할 때 코팅된 면을 너무 거칠게 닦으면 안 됩니다. 코팅이 벗겨질 수 있거든요.

휴대용 가스레인지

휴대용 가스레인지는 흔히 '부루스타'라고 부르는데, 부탄가스를 이용합니다. 화력이 높지는 않지만 야외에서도 쓸 수 있고, 특히 식탁 위에서 직접 이용할 수 있습니다. 고기를 구워 먹거나 전골을 끓여 먹을 때에는 편리하게 이용할 수 있습니다. 사용 후에는 가스통을 꼭 분리해두세요.

전자레인지

초음파를 이용해서 음식을 가열시키는 기계입니다. 음식 내부에 들어 있는 수분을 가열시키기 때문에 특히 식은 밥이나 음식을 데울 때 아주 편리합니다. 반면에 전자레인지는 조심해야 할 것이 많습니다. 첫째로는 특수 제작된 용기만 이용해야 합니다. 금속 그릇을 사용하면 그릇을 못 쓰게 될 뿐 아니라 자칫하면 화재가 발생할 수도 있습니다. 둘째로는 그릇을 완전히 밀폐시켜서는 안 됩니다. 압력이 높아져서 폭발할 수도 있기 때문입니다. 또 밤이나 계란을 익힐 때는 수증기가 빠져나갈 수 있는 구멍을 내고서 조리해야 합니다.

압력솥

아주 강력하게 뚜껑을 밀폐시키는 솥입니다. 끓어오른 수증기가 바깥으로 새지 않기 때문에 내용물을 엄청난 고온, 고압으로 조리해줍니다. 압력솥을 이용하면 밥이 찰기 있게 되고, 고기나 찜 요리는 짧은 시간에 아주 부드럽게 익힐 수 있습니다. 압력솥의 뚜껑은 열기 전에 김을 완전히 빼고 안전장치를 확인한 후 열어야 합니다. 김이 덜 빠졌을 때 열면 폭발할 수도 있습니다.

전기분쇄기

음식을 갈 때 사용합니다. 안에 끼우는 커터의 종류에 따라서 음식물을 여러 가지 모양으로 자를 수 있습니다. 쓸 때마다 분해해서 깨끗이 씻어야 하며, 특히 작동 중에 손가락이나 이물질을 넣으면 절대 안 됩니다.

전기밥솥

전기밥솥은 대부분 다른 여러 가지 요리를 하는 기능이 있습니다. 잘 활용하면 찜 같은 요리를 손쉽게 할 수 있습니다. 물론 '밥'을 편리하게 만드는 것이 첫 번째입니다.

오븐

서양 음식을 만들 때 많이 쓰는 기구입니다. 음식을 고온의 열기로 익혀주는 기계인데, 한국에는 있는 집도 있고, 없는 집도 있지요. 열을 견디는 그릇만 사용할 수 있고, 통 자체가 뜨거워지기 때문에 화상을 입지 않도록 조심해야 합니다.

5 🧺买东西的方法

所有的食物最好是当天买最新鲜的。
但是天天去市场会很难，而且家中还准备有一些材料。

应少量常买的品目

yachai(蔬菜)　因为越新鲜越好，所以一次要少买，并经常买。大型超市有卖，水果蔬菜商店也有卖，每种东西的单位不同。传统市场是直接绑好了卖，但是却可以讨价还价。

yukryu(肉类)　还是每次吃的时候少买点好。虽然可以放到冰箱里长时间保管，但是味道也会下降。肉店或大型超市的肉摊通常用秤以1g单位出售。称肉的重量时还用"geun(斤)"这样的叫法。猪肉一斤通常是600g；牛肉一斤跟据地区分为400g或600g。还有，在饭店卖的肉1人份通常是200g。

haemul(海产品)　应该每次吃的时候少买点儿。放久了不仅会没味道，还会导致食物中毒。冻完再解冻时，味道也会严重下降。

应一直常备的品目

yangnyeom(调料)和jangryu(酱类)　韩国饮食里经常放的基本材料要经常备好。"ganjang(酱油)"、"gochujang(辣椒酱)"、"doenjang(大酱)"、食用油、香油、食醋、辣椒面、盐、鳀鱼、芝麻盐之类可长时间保存，所以多买些备用。大部分都是从工厂里包装好出货，或者在传统市场上买直接做好的。

加工食品　罐头或速食品通常是家庭里经常吃的。因为有效期长，所以预先备好的话，需要的时候可以随时使用。这样的食品有拉面、冷冻饺子、金枪鱼罐头等，都是常吃的存储食品。

能买东西的地方

能买东西的地方有超市或传统市场。

mat(超市)　在超市您可将很多所需的东西全部选好后，然后一次性付账。东西的重量和价格都明确贴在表面。所以买东西的时候一定要确认好重量和价格。大型超市主要有一易买得、乐天超市、homeplus等。

jaeraesijang(传统市场)　在传统市场，每个小商店所卖的东西都不同。虽然不象超市摆设的那样干净，但是会说话，即能砍价还能得到赠品。另外，不一定是以包装为单位销售，所以您可以随意买自己想要的量。

另外，还可以通过网上购物购买到食品。冷冻食品、调料、蔬菜、佐料，大部分的食物都能买得到。这样购买的话有时还能买到价格更便宜的食品，和地区特产、品质优秀的商品。但是因为网上看到的会与实际有所不同，所以要格外注意。还有需要知道的就是大部分信息都是用韩国语提供。

5 🛒 장 보는 방법

가급적이면 모든 음식 재료는 그때그때 신선하게 장을 보는 것이 좋지요.
하지만 날마다 시장을 보기가 어려울 수도 있지요. 또 어떤 재료는 미리 충분히 준비해둬야 하는 것도 있습니다.

조금씩 자주 장을 봐야 할 품목

야채 신선할수록 좋기 때문에 조금씩 자주 사야 합니다. 대형 마트에서도 팔고 청과물 가게에서도 파는데. 물건마다 파는 단위가 다릅니다. 재래시장에서는 미리 묶어둔 채로 팔기도 하지만. 원하는 만큼 구입할 수도 있습니다.

육류 역시 먹을 때마다 조금씩 사는 것이 좋습니다. 냉동실에 넣어두면 오래 보관할 수는 있지만. 맛이 떨어집니다. 정육점이나 대형 마트의 식육 전문 코너에서는 보통 저울로 1그램 단위까지 계산해서 팝니다. 고기 무게를 잴 때는 '근'이라는 말도 사용합니다. 돼지고기 한 근은 보통 600그램. 쇠고기 한 근은 지역에 따라 400그램 또는 600그램입니다. 참고로 식당에서 파는 고기 1인분은 보통 200그램입니다.

해산물 먹을 때마다 조금씩 사야 합니다. 오래 두면 맛이 떨어질 뿐만 아니라 상해서 식중독에 걸릴 수도 있습니다. 또 한 번 얼었다가 녹으면 맛이 아주 떨어집니다.

떨어지지 않도록 구비해둬야 하는 품목

양념과 장류 한국 음식에 항상 들어가는 기본 재료는 늘 갖춰두어야 합니다. 간장. 고추장. 된장. 식용유. 참기름. 식초. 고춧가루. 소금. 멸치. 깨소금 같은 것은 오래 둬도 괜찮기 때문에 충분하게 구입하세요. 대부분의 음식은 모두 공장에서 포장되어 나오고 있고 재래시장에서 직접 만든 것을 팔기도 합니다.

가공식품 통조림이나 인스턴트 식품 중에도 보통 가정에서 많이 먹는 것들이 있습니다. 유통기한이 길기 때문에 미리 갖춰두면 필요할 때 요긴하게 쓸 수 있습니다. 라면. 냉동만두. 참치 통조림 등은 흔하게 먹는 보존식품들입니다.

장을 볼 수 있는 곳

장을 볼 수 있는 곳으로 마트와 재래시장이 있습니다.

마트 마트는 많은 물건들을 한꺼번에 쌓아놓고 필요한 만큼 들고 나오면 한꺼번에 계산을 하도록 되어 있습니다. 파는 물건들마다 중량과 가격표가 정확하게 붙어 있습니다. 그러므로 물건을 살 때 중량과 가격표를 잘 확인하세요. 마트에는 이마트. 롯데마트. 홈플러스 등이 있습니다.

재래시장 재래시장은 작은 상점마다 파는 물건이 따로 정해져 있습니다. 마트만큼 깔끔하게 차려져 있지는 않지만. 말만 잘하면 값도 깎을 수 있고 덤도 얻을 수 있는 인심이 남아 있습니다. 그리고 꼭 포장된 단위가 아니더라도 원하는 것을 원하는 만큼 살 수 있는 것도 편리한 점입니다.

한편 인터넷으로도 식료품을 살 수 있습니다. 냉동식품. 양념. 야채. 조미료 할 것 없이 대부분의 음식을 모두 살 수 있습니다. 이렇게 사면 때로는 값이 더 싼 음식을 살 수도 있고. 또 때로는 지역특산물이나 품질이 우수한 상품을 살 수도 있습니다. 하지만 직접 눈으로 보지 않고 사는 만큼 충분히 주의해서 사야 합니다. 또 대개는 한국어로만 정보를 제공하고 있는 점도 알아야 합니다.

6 计量法

使用计量道具

计量杯

液体一定要调整好水平。用杯盛满面粉，上面不让冒尖削平后计量。计量杯的容量是200ml，用纸杯或空牛奶杯代替使用也可以。即使是同样的一杯，由于密度不同，一杯面粉少于200g，一杯 "gochujang（辣椒酱）" 超过200g。

计量勺

装液体不要超过边缘。盛面时，用计量勺盛完削平不让冒尖。大勺是15ml，小勺是5ml。每家的饭勺大小各异，大概是10～12ml左右。

酱类（辣椒酱、大酱等）
计量勺 = 15ml
饭勺 1大勺 = 10～12ml

液体类（食用油、料酒等）
计量勺 = 15ml
饭勺 1大勺 = 10～12ml

面类（面粉、白糖、盐等）
计量勺 1大勺 = 15ml
饭勺 1大勺 = 10～15ml

计量基本调料

葱花、蒜末等要剁碎多少才能出一大勺呢？通过照片了解一下。

剁碎的 "pa（葱）" 1大勺
大葱（葱白） 5cm(25g)

剁碎的 "saenggang（生姜）" 1大勺
生姜1/3块儿(10g)

剁碎的 "maneul（蒜）" 1大勺
蒜 2瓣(10g)

剁碎的 "yangpa（洋葱）] 1大勺
洋葱 1/12头(10g)

计量蔬菜

同类蔬菜而大小却各异。当然是有的大有的小。这本书的料理方法是
以重量为主进行说明的，希望通过下面的照片和说明估计一下大小和
重量。

mu（萝卜） 1/2根
直径 8cm，长度 13cm（700g）

hobak（角瓜）
直径 5cm，长度 18cm（350g）

gamja（土豆）
直径 7cm（130g）

danggeun（胡萝卜）
直径 4cm，长度 15cm（150g）

oi（黄瓜）
直径 3cm，长度 23cm（200g）

yangpa（洋葱）
直径 8cm（150g）

用手计量

kongnamul（黄豆芽） 80g

jjopa（小葱） 50g

sigeumchi（菠菜） 100g

dangmyeon（粉条） 120g

buchu（韭菜） 80g

geongaosali（干蕨菜） 40g

bulringaosali泡开的（蕨菜） 120g

soegaogi（牛肉） 6×4×4cm 100g

6 🥛 계량하는 법

계량 도구 이용하기

계량컵

액체는 반드시 수평을 맞춰야 합니다. 가루는 컵에 가득 담은 뒤 솟아오르지 않도록 평평하게 깎아서 계량합니다. 계량컵의 용량은 200ml이며, 종이컵이나 빈 우유팩을 대신 사용해도 됩니다. 같은 한 컵이라도 밀도가 다르므로 밀가루 한 컵은 200g보다 적고, 고추장 한 컵은 200g이 넘습니다.

계량스푼

액체는 가장자리가 넘치지 않을 정도로 담습니다. 가루는 계량스푼에 담은 뒤 솟아오르지 않도록 평평하게 깎습니다. 큰술은 15ml, 작은술은 5ml입니다. 밥숟가락은 집집마다 크기의 차이가 있는데, 대개 10~12ml 정도의 크기입니다.

장류(고추장, 된장 등)
계량스푼 = 15ml
밥숟가락 1큰술 = 10~12ml

액체류(식용유, 맛술 등)
계량스푼 = 15ml
밥숟가락 1큰술 = 10~12ml

가루류(밀가루, 설탕, 소금 등)
계량스푼 1큰술 = 15ml
밥숟가락 1큰술 = 10~15ml

기본 양념 계량하기

다진 파, 다진 마늘 등은 얼마나 다져야 1큰술이 나올까요? 사진을 통해 알아봅시다.

다진 파 1큰술 : 대파(흰 부분) 5cm(25g)

다진 생강 1큰술 : 생강 1/3톨(10g)

다진 마늘 1큰술 : 마늘 2쪽(10g)

다진 양파 1큰술 : 양파 1/12개(10g)

재료별로 계량하기

야채 계량

같은 야채라도 크기는 다양합니다. 큰 것도 있고 작은 것도 있지요. 이 책에서는 조리법을 무게 중심으로 설명하고 있으므로, 아래 사진과 설명을 통해 크기와 무게를 가늠하시기 바랍니다.

무 1/2개 : 지름 8cm. 길이 13cm(700g)

호박 : 지름 5cm. 길이 18cm(350g)

감자 : 지름 약 7cm(130g)

당근 : 지름 4cm. 길이 15cm(150g)

오이 : 지름 3cm. 길이 23cm(200g)

양파 : 지름 8cm(150g)

손으로 계량하기

콩나물 80g

쪽파 50g

시금치 100g

당면 120g

부추 80g

건고사리 40g

불린 고사리 120g

쇠고기 6×4×4cm 100g

7 焖好吃的 bap(饭)

bap(饭)的种类

最基本的是"ssalbap(大米饭)"。韩国的大米不是细长的，而是圆圆的带有黏性。使用的米不同，做出来的饭味也不同，而焖饭的方法也不尽相同。

大米的种类有 **chabssal**（江米）和 **mebssal**（粳米），"chabssal"主要是做糕或江米饭，参鸡汤等特别食品；焖普通饭要使用"mebssal"。

hyeonmi（玄米）比 **baegmi**（白米）更有利健康，所以吃的人也很多。磨米的时候，跟据磨出多少糠、皮来决定是"baegmi"还是"hyeonmi"。磨得最多既12分度的是白且细腻的白米，9分度或7分度等磨得少的米是玄米。玄米比起白米稍微有些粗硬，但是对健康更好。

在大米中放其它谷物就成了"japgokbap（杂谷饭）"。最常放的杂粮是麦米和豆。除了一般麦米，还有加工一半的"apmaek（麦片）"或"halmaek（割麦）"。豆子一般大部分吃豌豆、油豆角豆、黑豆等。此外，还放小豆、小米、黑米、黄米等。

焖bap(饭)

焖"bap（饭）"之前要先泡米。如果有时间的话，最好前一天晚上泡，没有时间泡30分钟到1个小时左右也可以。实在是没有时间时不泡也行，但是米饭会稍微有点硬。如果用玄米或杂粮焖饭一定要泡。因为豆或玄米不容易熟。

虽然焖饭的器具有几种，但是近来大部分都使用电饭锅。使用电饭锅时，只要按上按钮就能自动焖饭，很简便。若您想用锅焖饭的话，长粒大米的焖饭方法有些不同，所以这里说明一下其料理方法。

1) 首先泡米。

2) 量好水的比例。如果米是一杯，那么水一杯就可以了。如果没有时间泡米的话，水比米多放20%～30%。

3) 放煤气灶上先用大火，水开到快溢锅的时候打开盖子防止溢出。

4) 每次水要溢出的时候将火调小一点，从中火调到小火。用饭勺轻轻搅一搅也可以。

5) 水少了没有咕嘟的声音时先调成最小的火，然后盖上盖子。大概放十分钟左右，这个过程叫"tteumel telinda（焖的意思）"。

6) 饭焖好后用饭勺搅一搅。

保管bap(饭)

将焖好的饭用保温锅保管时，用饭勺轻轻翻一翻放出水蒸气。如果不放水蒸气饭粒会变稀。把米饭放在保温锅保管久了会变黄且有味。所以要把饭保管好几天时，最好一碗一碗盛出来放冰箱里冷冻保管。以后用微波炉加热的话，仍然像热腾腾刚焖出的饭。

7 🍚 맛있는 밥 짓기

밥의 종류

가장 기본이 되는 것은 '쌀밥'입니다. 한국의 쌀은 길쭉하지 않고 동글동글하며 찰기가 있습니다. 쌀이 다른 만큼 한국인이 좋아하는 밥맛도 다르고, 그래서 밥을 하는 방법도 다릅니다.

쌀의 종류는 **찹쌀**과 **멥쌀**이 있는데, '찹쌀'로는 주로 떡이나 찰밥, 삼계탕 등 별식을 해먹고, 보통 밥을 지어 먹는 것은 '멥쌀'입니다.

건강을 생각해서 **백미** 대신 **현미**도 많이 먹습니다. 도정할 때 쌀겨와 껍질을 얼마나 깎느냐에 따라 '백미'인지 '현미'인지가 결정됩니다. 가장 많이 깎은 12분도는 희고 부드러운 백미이고, 9분도나 7분도 등 적게 깎아낸 쌀은 현미입니다. 백미에 비해 조금 딱딱하고 뻣뻣하지만 건강에는 더 좋다고 합니다.

쌀 이외에 다른 곡식을 넣으면 '잡곡밥'이 됩니다. 가장 흔히 넣는 잡곡은 보리쌀과 콩입니다. 보리쌀은 일반 보리쌀 이외에 반 조리된 '입맥'이나 '할맥'이 있습니다. 콩은 완두콩, 강낭콩, 검은콩 등을 많이 먹습니다. 팥이나 좁쌀, 흑미, 기장 등을 넣기도 합니다.

밥 짓기

'밥'을 하기 전에는 쌀을 물에 불립니다. 시간이 있다면 전날 밤에 담가두고, 시간이 없으면 30분에서 1시간 정도만 불려도 좋습니다. 정 시간이 없으면 굳이 불리지 않아도 되지만 밥맛이 조금 딱딱해지겠죠. 하지만 현미나 잡곡으로 밥을 할 때에는 반드시 불려야 합니다. 콩이나 현미가 잘 익지 않기 때문입니다.

밥을 하는 기구로는 몇 가지가 있지만 요즘은 보통 전기밥솥을 많이 사용하지요. 전기밥솥을 사용하는 경우에는 스위치만 누르면 저절로 밥이 되니까 간편하지요. 혹시 냄비로 밥을 짓는다면, 길쭉한 장립종 쌀과는 밥하는 방법이 다르니까 요리법을 배워두세요.

1) 쌀을 미리 불립니다.
2) 밥물을 잡습니다. 쌀이 한 컵이면 물도 한 컵 정도면 됩니다. 만약 시간이 없어서 쌀을 불리지 못했다면, 물을 쌀보다 20~30% 정도 더 붓습니다.
3) 가스레인지에 센 불로 올려뒀다가, 밥물이 끓으면 넘치지 않도록 뚜껑을 열어줍니다.
4) 밥물이 넘치려고 할 때마다 불을 조금씩 줄여서 중불, 약불로 내립니다. 주걱으로 살짝 저어주어도 좋아요.
5) 밥물이 적어지고 보글거리는 느낌이 없어지면 가장 약한 불로 내리고, 뚜껑을 덮습니다. 대략 10분 정도 놔두는데, 이 과정을 '뜸을 들인다'라고 말해요.
6) 밥이 다 되면, 주걱으로 밥을 섞어주세요.

밥 보관하기

다 지어진 밥을 보온밥솥에 보관할 때는 주걱으로 살살 뒤집어 밥알 속에 든 수증기를 빼둡니다. 수증기를 빼지 않으면 밥알이 물러지기도 합니다. 그렇게 해도 밥을 보온밥솥에 너무 오래 보관하면 누렇게 뜨고 냄새가 납니다. 그러므로 밥을 여러 날 보관해야 한다면, 한 공기씩 덜어서 냉동실에 보관해둡니다. 나중에 전자레인지에 데우면 갓 지은 밥처럼 따끈해집니다.

8 🍲 熬肉汤

有汤的韩国饮食，只要肉汤熬得好，就能调出味道。
反过来即使用再好的材料烹饪出，如果不使用肉汤，那么味道依然会下降。
肉汤最好现需现做。但是需要的话，也可以提前熬好放在冰箱或冰柜里保管。

myeochiyuksu (鳀鱼肉汤)

是最常见最一般的肉汤。因为所有人都喜欢，所以接下来介绍以下任何食物中都可放入使用的熬鳀鱼肉汤的做法。

1) 熬肉汤的鳀鱼要选大且宽的。
2) 摘掉鳀鱼的头，剖开肚子去内脏。要不然会有苦味。
3) 凉水放鳀鱼 在火上煮15分钟。
4) 捞出鳀鱼只使用汤就可以了。

myeochidasimayuksu (鳀鱼海带肉汤)

熬鳀鱼肉汤的时候放海带能熬出更新鲜的肉汤。熬鳀鱼海带肉汤的做法如下。

1) 表面有白粉时把粉抖掉后放凉水里泡30分钟。
2) 在熬鳀鱼肉汤的水里放入海带和泡海带的水。
3) 海带熬久了汤会变黏。稍微煮开的时候应捞出海带。

鳀鱼肉汤里除了海带，还可以放其它各种材料将味熬的更浓些。代表性的有干香菇、干虾、萝卜、整头蒜、洋葱等。

soegogiyuksu (牛肉肉汤)

不管是什么食物，只要放牛肉肉汤味道就会变浓。虽然价格贵，制作繁琐，但只要做一次放着.会有很多用处。

1) 将牛排骨肉或腱子肉用凉水泡上3～4小时，将血水泡出。
2) 水应为肉的10倍，并放大葱、整头大蒜、整个胡椒、洋葱、萝卜等一起放进去熬会更好。
3) 刚开始的时候用大火熬，煮开的时候把火调小，盖上盖子熬1个小时左右。
4) 这样熬出来的肉汤就可以放在冰箱里保管使用。

chogaeyuksu (蛤蜊肉汤)

用蛤蜊熬出来的肉汤汤味爽甜。可以广泛地用在炖菜或汤里。因为蛤蜊有沙子，所以要用盐水泡。

1) 蛤蜊要用盐水泡30分钟以上吐出沙子。
2) 将蛤蜊连壳洗干净，用凉水煮。
3) 蛤蜊张开嘴时捞出来，水倒在干净的布上滤出异物。

8 육수 내기

국물이 있는 한국 음식은 육수만 잘 내면 기본 이상의 맛을 낼 수 있습니다.
반대로 좋은 재료로 만든 국이나 찌개도 육수를 쓰지 않으면 맛이 떨어집니다.
육수는 그때그때 만들어 먹는 것이 가장 좋습니다.
하지만 필요하다면 미리 만들어 냉장 또는 냉동 보관해서 사용할 수도 있습니다.

멸치육수

가장 흔하고 일반적인 육수입니다. 싫어하는 사람이 없기 때문에 어떤 음식에든 무난하게 사용합니다. 멸치육수를 만드는 방법입니다.

1) 육수를 내는 멸치는 크고 넓적한 것으로 고릅니다.
2) 멸치의 머리를 떼고, 배를 갈라 내장을 제거합니다. 그렇지 않으면 쓴맛이 날 수 있습니다.
3) 찬물에 멸치를 넣고 불 위에 올려 15분간 끓입니다.
4) 멸치를 건져내고 국물만 사용합니다.

멸치다시마육수

멸치육수를 낼 때 다시마를 함께 넣으면 더욱 시원한 육수를 만들 수 있습니다. 멸치다시마육수를 만드는 방법입니다.

1) 겉에 흰 가루가 묻었다면 가루를 털어낸 후, 찬물에 30분간 불립니다.
2) 멸치육수를 끓이던 물에 다시마와 다시마 우린 물을 넣습니다.
3) 다시마는 오래 끓이면 국물이 끈적끈적해집니다. 조금 끓어오를 때 다시마를 건져내세요.

멸치육수는 다시마 이외에도 다른 여러 가지 재료를 넣어서 맛을 더 깊게 만들 수 있습니다. 대표적으로는 마른 표고버섯, 마른 새우, 무, 통마늘, 양파 등이 있어요.

쇠고기육수

어떤 음식이든 쇠고기육수가 들어가면 맛이 진해집니다. 고기의 가격이 비싸고 만들기 번거로운 것이 흠이라면 흠이지만, 한번 만들어두면 쓸모가 있습니다.

1) 양지나 사태를 찬물에 3~4시간 담가 핏물을 뺍니다.
2) 고기를 10배의 물에 넣고 끓입니다. 대파, 통마늘, 통후추, 양파, 무 등을 함께 넣고 끓이면 더욱 좋습니다.
3) 처음에는 강한 불로 끓이다가, 육수가 팔팔 끓으면 불을 줄이고 뚜껑을 덮어서 1시간 정도 끓입니다.
4) 이렇게 만든 육수는 냉동실에 넣어 보관했다가 사용해도 됩니다.

조개육수

조개로 우려낸 육수는 국물 맛이 시원하고 담백합니다. 찌개나 국에서 다양하게 사용할 수 있습니다. 조개는 모래를 머금고 있기 때문에 소금물에 담가두어야 합니다.

1) 조개는 소금물에 30분 이상 담가서 모래를 토하게 합니다.
2) 조개껍질을 깨끗이 씻고 찬물에 넣어서 조개를 끓입니다.
3) 조개가 입을 벌리면 건져낸 뒤 깨끗한 천에 부어 이물질을 걸러냅니다.

Kimchi

泡菜 김치

1

2

3

4

5

5'

6-7

8

8'

baechu kimchi 辣白菜

배추김치

材料

tong baechu(整棵白菜)3kg(1棵)

gochugalu(辣椒面)1杯

mu(萝卜丝)1杯(100g)

bae chae(梨丝)1/2杯(50g)

saeujeot(虾酱)1/3杯

seoltang(白糖)1大勺

jjok pa(小葱)30g | minali(水芹)30g

gat(雪菜)30g | dajin maneul(蒜末)1大勺

dajin saenggang(姜末)1小勺

ggnaliaekjeot(玉筋鱼酱)1/3杯

腌白菜用盐水

sogeum(粗盐)1杯 | mul(水)4杯

chabssalpul(江米糊)

chabssalgaru(江米面)1大勺

mul(水)1/3杯 | sogeum(盐)1小勺

做法

1 白菜摘掉外层叶子，用刀切成长条两等分。(白菜大时4等分)

2 水里放2/3杯盐搅匀后浸泡白菜。剩余的盐再洒在白菜叶每层之间，时不时翻一翻，腌上8～10小时。

3 将白菜用水洗净后沥干水。

4 辣椒面放1/3杯水搅拌均与。

5 萝卜切成丝，梨剥皮后切成丝。蒜、生姜、虾酱块儿捣碎。小葱、水芹、雪菜切成2cm长。

6 大碗里放切成丝的萝卜和梨，放预先调好的辣椒面。再往这里倒鱼酱和虾酱、蒜、生姜、白糖搅匀。

7 往配好的调料里放小葱、水芹、雪菜，并搅拌均匀，做成辣白菜调料。

8 在白菜的每叶之间都抹上调料。为了不让白菜散乱，用外层叶子包好后放到缸里或容器里发酵。

9 吃的时候切成约5cm长。

🧑‍🍳小提示!

1 实心沉甸甸的白菜最好。

2 腌完马上要吃的辣白菜，放一些熬好的江米糊会更美味。熬江米糊的时候，两杯水放1/2杯江米面，加火慢慢熬即可。

재료

통배추 3kg(1포기)

고춧가루 1컵 | 무 100g

배 채 1/2컵(50g)

새우젓 1/3컵

설탕 1큰술 | 쪽파 30g

미나리 30g | 갓 30g

다진 마늘 1큰술

다진 생강 1작은술

까나리액젓 1/3컵

배추절임용 소금물

굵은 소금 1컵 | 물 4컵

찹쌀풀

찹쌀가루 1큰술

물 1/3컵 | 소금 1작은술

만드는 법

1 배추는 겉잎을 떼고 칼로 길게 이등분합니다.(배추가 크다면 4등분)

2 물에 소금 2/3컵을 넣어 섞은 후 배추를 담급니다. 나머지 소금을 배추잎 사이사이에 뿌려 중간중간에 뒤집어가며 8～10시간 절입니다.

3 배추를 물에 잘 씻은 후 물기를 뺍니다.

4 고춧가루에 물 1/3컵을 섞어 개어놓습니다.

5 무는 채 썰고, 배는 껍질을 벗겨 채 썹니다. 마늘, 생강, 새우젓 건더기는 잘 다집니다. 쪽파, 미나리, 갓은 2cm 길이로 썹니다.

6 큰 그릇에 채 썬 무와 배를 넣고 미리 개어놓은 고춧가루를 넣습니다. 여기에 액젓과 새우젓, 마늘, 생강, 설탕을 넣고 고루 섞어줍니다.

7 잘 배합된 양념에 쪽파, 미나리, 갓을 넣고 골고루 섞어 김치 속을 만듭니다.

8 배추 사이사이에 양념한 속을 고루 넣습니다. 배추 포기가 흐트러지지 않도록 겉잎으로 감싼 뒤 항아리 또는 용기에 담아 익힙니다.

9 상에 낼 때는 약 5cm 길이로 썰어서 냅니다.

🧑‍🍳Tip!

1 배추는 속이 꽉 차서 묵직한 것이 좋습니다.

2 담가서 바로 먹을 김치에는 찹쌀풀을 끓여 넣으면 더욱 감칠맛이 납니다. 찹쌀풀을 만들 때는 물 2컵에 찹쌀가루 1/2컵을 넣어 불에 은근하게 끓이세요.

chonggak kimchi 萝卜泡菜

총각김치

材料

altalimu(朝鲜萝卜) 2捆(3kg) | gulgeun sogeum(粗盐) 1杯
mul(水) 5杯 | jjokpa(小葱) 200g | minali(水芹) 50g
saenggang(生姜) 1瓣 | manul(蒜) 2头 | gochugalu(辣椒面) 2杯
ddaddeutan mul(温水) 1杯 | seoltang(白糖) 3大勺
saeujeot(虾酱) 1/3杯 | myeolchi jeot(鳀鱼) 1/3杯

chabssalpul(江米糊)

mul(水) 2杯 | chabssalgaru(江米面) 1/2杯

做法

1 萝卜洗净收拾好，用盐水腌泡3～4小时左右。
2 小葱、雪菜收拾好洗净，待萝卜腌至一半的时候放入一起腌制。
3 生姜、蒜、虾酱块儿剁碎。
4 辣椒面放温水和白糖泡发。
5 江米面放水搅拌后，稍微加火熬成江米糊。
6 往泡发的辣椒面里放鳀鱼酱、江米糊、蒜末、生姜、虾酱配制调料。
7 将腌好的萝卜和雪菜，小葱用清水冲洗后沥干。
8 将沥净水的萝卜和小葱放入调料搅拌。
9 将泡菜放入缸里盖上盖子发酵。

재료

알타리무 2단(3kg) | 굵은 소금 1컵 | 물 5컵 | 쪽파 200g
미나리 50g | 생강 1쪽 | 마늘 2통 | 고춧가루 2컵
따뜻한 물 1컵 | 설탕 3큰술 | 새우젓 1/3컵 | 멸치액젓 1/3컵
찹쌀풀 | 물 2컵 | 찹쌀가루 1/2컵

만드는 법

1 무는 깨끗이 다듬은 뒤, 소금물에 담가 3～4시간 정도 절입니다.
2 쪽파, 갓은 다듬어 씻은 뒤, 무가 반쯤 절었을 때 같이 넣어 절입니다.
3 생강, 마늘, 새우젓 건더기는 곱게 다집니다.
4 고춧가루는 따뜻한 물과 설탕을 넣어 불립니다.
5 찹쌀가루는 물에 풀어 살짝 끓여 찹쌀풀을 쑵니다.
6 불린 고춧가루에 멸치액젓, 찹쌀풀, 다진 마늘, 생강, 새우젓을 넣어 양념을 만듭니다.
7 절인 무와 갓, 파를 물에 씻고 물기를 뺍니다.
8 물기를 뺀 무와 파에 양념을 넣어 버무립니다.
9 항아리에 김치를 담고 뚜껑을 덮은 뒤 숙성시킵니다.

ggakdugi 萝卜块儿泡菜

깍두기

材料

keun mu (大萝卜) 1根 (2kg)

silpa (细葱) 200g | gat (雪菜) 200g

minali (水芹) 200g

saenggul (生蚝) 300g

dajin maneul (蒜末) 4大勺

dajin saenggang (姜末) 2大勺

saeujeot (虾酱) 1/2杯

myeolchieot (鳀鱼酱) 1/2杯

gochugalu (辣椒酱) 1杯

seoltang (白糖) 2大勺

sogeum (盐) 4大勺

재료

큰 무 1개(2kg)

실파 200g | 갓 200g

미나리 200g | 생굴 300g

다진 마늘 4큰술

다진 생강 2큰술

새우젓 1/2컵

멸치젓 1/2컵

고춧가루 1컵

설탕 2큰술 | 소금 4큰술

做法

1 萝卜去皮切成3cm四方型的块儿。

2 细葱和雪菜、水芹切成3cm长。

3 生蚝放在盐水里用水冲洗后捞出。

4 蒜、生姜、虾酱块儿剁碎。

5 把切好的萝卜放大器皿里，放辣椒面搅拌均匀使其上色。

6 放蒜末、生姜、虾酱、鳀鱼酱、盐、白糖搅拌均匀后放细葱、雪菜、水芹、生蚝拌匀。

7 将拌好的萝卜块儿放入缸里盖上盖子发酵。

만드는 법

1 무는 껍질을 벗겨 사방 3cm 크기로 깍둑썰기 합니다.

2 실파. 갓. 미나리는 3cm 길이로 자릅니다.

3 생굴은 소금물에 흔들어 씻은 후 건집니다.

4 마늘. 생강. 새우젓 건더기는 곱게 다집니다.

5 큰 그릇에 무 썬 것을 담고 고춧가루를 넣어 고루 버무려서 색을 곱게 들입니다.

6 다진 마늘. 생강. 새우젓. 멸치젓. 소금. 설탕을 넣어 잘 섞은 후 실파. 갓. 미나리. 생굴을 넣어 고루 버무립니다.

7 항아리에 버무린 깍두기를 담고 뚜껑을 덮어 숙성시킵니다.

nabak kimchi 萝卜水泡菜

나박김치

材料

mu (萝卜) 1/5根 (300g) | baechu (白菜) 150g

pa (葱) 20g | maneul (蒜) 3瓣

saenggang (生姜) 1块儿

bulgeun gochu (红辣椒) 1个

minali (水芹) 30g | jat (松籽若干) 少许

佐料

sogeum (盐) 2大勺 | gochugalu (辣椒) 2大勺

seoltang (白糖) 1小勺

kimchigukmul (辣白菜汤)

sogeum (盐) 1½大勺 | mul (水) 5杯

gochugalu (辣椒面)

做法

1 白菜使用嫩心儿。将白菜心儿和萝卜切成横2.5cm、 竖 3cm的扁形状，用盐腌泡。

2 葱、蒜、生姜切成3cm长的丝，红辣椒去籽切成3cm长的丝。水芹将茎收拾干净后切成3cm的丝。

3 把腌好的萝卜和白菜冲洗干净，和葱、蒜、生姜、红辣椒一起放进调料里拌匀放到缸里。

4 将调好的盐水倒入器皿里，用干布包好辣椒面放在盐水里摇晃。

5 将松籽洗好放在盐水里，水芹等泡菜发酵好的时候再放。

재료

무 1/5개(300g) | 배추 150g

파 20g | 마늘 3쪽 | 생강 1쪽

붉은 고추 1개 | 미나리 30g | 잣 약간

양념

소금 2큰술 | 고춧가루 2큰술

설탕 1작은술

김치국물

소금 1½ 큰술 | 물 5컵

고춧가루

만드는 법

1 배추는 연한 속대를 사용합니다. 배추속대와 무는 가로 2.5cm, 세로 3cm로 납작하게 썰어 소금에 절입니다.

2 파, 마늘, 생강은 3cm 길이로 채 썰고, 붉은 고추는 씨를 빼고 3cm로 채 썹니다. 미나리는 줄기를 깨끗이 다듬어 3cm로 채 썹니다.

3 절인 무와 배추를 헹궈 채 썬 파, 마늘, 생강, 붉은 고추를 넣고 양념에 버무려 항아리에 담습니다.

4 버무린 그릇에 소금물을 만들어 넣고, 마른 헝겊에 고춧가루를 싸서 국물에 흔들어줍니다.

5 잣을 깨끗이 손질하여 띄우고, 미나리는 김치가 익었을 때 넣습니다.

ggaetnib kimchi 苏子叶泡菜

깻잎김치

材料

ggaetnib（苏子叶）100片
silgochu（辣椒丝）5g
ggaesogeum（芝麻盐）2大勺
jinganjang（浓缩酱油）1杯
gochugalu（辣椒面）2大勺
pa（葱）2根
maneul（蒜）5瓣
saenggang（生姜）1块儿

做法

1 苏子叶最好是香味浓的苏子叶。去蒂用流水一张一张洗净后沥干。
2 葱切成葱花，蒜和生姜剁碎。
3 在浓酱油里放葱花、蒜末、辣椒做成调料。
4 将苏子叶一叶一叶地涂上调料。
5 将苏子叶整齐地摆进准备好的缸里，再用重的东西压上，将剩余的调料倒进去。
6 2～3天后倒出酱油熬开，晾凉后再倒回缸里。大概1周以后苏子叶会发酵变黄。
7 吃的时候切成两半即可。

재료

깻잎 100장 | 실고추 5g
깨소금 2큰술 | 진간장 1컵
고춧가루 2큰술
파 2뿌리 | 마늘 5쪽 | 생강 1쪽

만드는 법

1 깻잎은 향이 강한 들깻잎이 좋습니다. 꼭지를 자르고 흐르는 물에 한 장씩 깨끗이 씻어서 물기를 빼놓습니다.
2 파는 잘게 썰고, 마늘과 생강은 곱게 다집니다.
3 진간장에 다진 파, 마늘, 고춧가루를 넣어 양념장을 만듭니다.
4 깻잎을 한 장씩 펴서 양념장을 바릅니다.
5 준비한 항아리에 깻잎을 차곡차곡 담고 무거운 물건으로 누른 뒤 남은 양념장을 붓습니다.
6 2～3일 후 간장을 따라내어 끓인 다음. 식혀서 항아리에 다시 붓습니다. 약 1주일이 지나면 깻잎이 누렇게 익습니다.
7 낼 때는 반으로 썰어서 내도 좋습니다.

mu saengchae 生拌萝卜

무생채

材料

mu (萝卜) 300g

gochugaru (辣椒面) 1/2大勺

seoltang (白糖) 1大勺

sikcho (食醋) 1大勺

sogeum (盐) 1大勺

dajin pa (葱花) 1大勺

dajin maneul (蒜末) 1/2大勺

saenggang (姜末) 1/2小勺

chamgireum (香油) 1小勺

ggaesogeum (芝麻盐) 1小勺

做法

1 萝卜切成长5cm，厚0.2cm的丝。

2 将切好丝的萝卜放入辣椒面染色。

3 将剩余的调料倒入拌匀。

小提示！

萝卜要选直，须根不多的萝卜，这样味道才会正宗。春天、夏天的萝卜清淡不好吃，秋天的萝卜最甘甜好吃。

재료

무 300g | 고춧가루 1/2큰술

설탕 1큰술 | 식초 1큰술

소금 1큰술 | 다진 파 1큰술

다진 마늘 1/2큰술

다진 생강 1/2작은술

참기름 1작은술 | 깨소금 1작은술

만드는 법

1 무를 길이 5cm, 두께 0.2cm로 채 썰어놓습니다.

2 채 썬 무에 고춧가루를 넣어 물을 들입니다.

3 나머지 양념을 넣어 고루 무칩니다.

Tip!

무는 모양이 곧고 잔뿌리가 많지 않은 무를 골라야 제맛이 납니다. 봄, 여름 무는 싱겁고 물러 맛이 없고, 가을 무가 가장 달콤하고 맛있습니다.

八道饮食介绍

韩国人常常说"paldogangsan(八道江山)"这句话。这是韩国八个地区合起来的称呼。八个地区分别为 gyeonggido(京畿道)、gangwondo(江原道)、chungcheongdo(忠清道)、jeollado(全罗道)、gyeongsangdo(庆尚道)、hwanghaedo(黄海道)、pyeongando(平安道)、hamgyeongdo(咸镜道),各地区各自形成了不同的文化。让我们一起来了解一下各地区的饮食特征。

首尔,京畿道

首尔自古以来是朝鲜的首都,居住着诸多两班(指上朝时,君王坐北向南,以君王为中心,文官排列在东边、武官排列在西边、之后两班专指上朝会的官员延伸到两班官员的家族及家门),因此很讲究排场和穿着。又称首尔人们为**kkakjaengi**(小气鬼)。指他们外表利落、仔细、装模作样的意思。也许是因为这样的性格特点,在饮食方面首尔人也非常讲究排场和外表。不太辣不太咸是最大特征。京畿道地区最著名的特产是利川大米,首尔饮食中**samgyetang**(参鸡汤)、**bulgogi**(烤肉)、**sinseollo**(火锅)、**soelreongtang**(雪浓汤)等很出名。

忠清道

忠清道山势柔和,气候也很温和,也许是因为这样,这里人说话很慢,比较文雅。所以其它地区的人们常取笑他们的语速或动作慢吞吞。忠清道食物的地区颜色不是很深,清淡香甜简朴。**cheonggukjang**(臭酱汤)、**dotolimuk**(橡子凉粉)、天安**hodugwaja**(核桃饼干)此类的食物很有名。并且跟据季节还可以享受西海的虾、牡蛎、花蟹等。

全罗道

全罗道的谷物和海鲜等比其它地区丰富,饮食方面也很奢华。可以用"饭桌丰盛的桌子腿都断了"这类话说明。因为调料和酱料使用较多,所以味儿重且香,在八道江山饮食中属第一。全州的**bibimbap**(拌饭)、**kongnamulgukbap**(黄豆芽汤饭)、放入很多酱料的南道式kimchi(辣泡菜)、淳昌的gochujang(辣椒酱)、罗州的**gomtang**(肉汤)、黑山道的**hongeo**(虹鱼)、木浦的**sebalnakji**(细脚章鱼)、伐桥的**gomak**(泥蚶)、灵光的**gulbi**(咸黄花鱼)...这些都是数不胜数的闻名饮食。

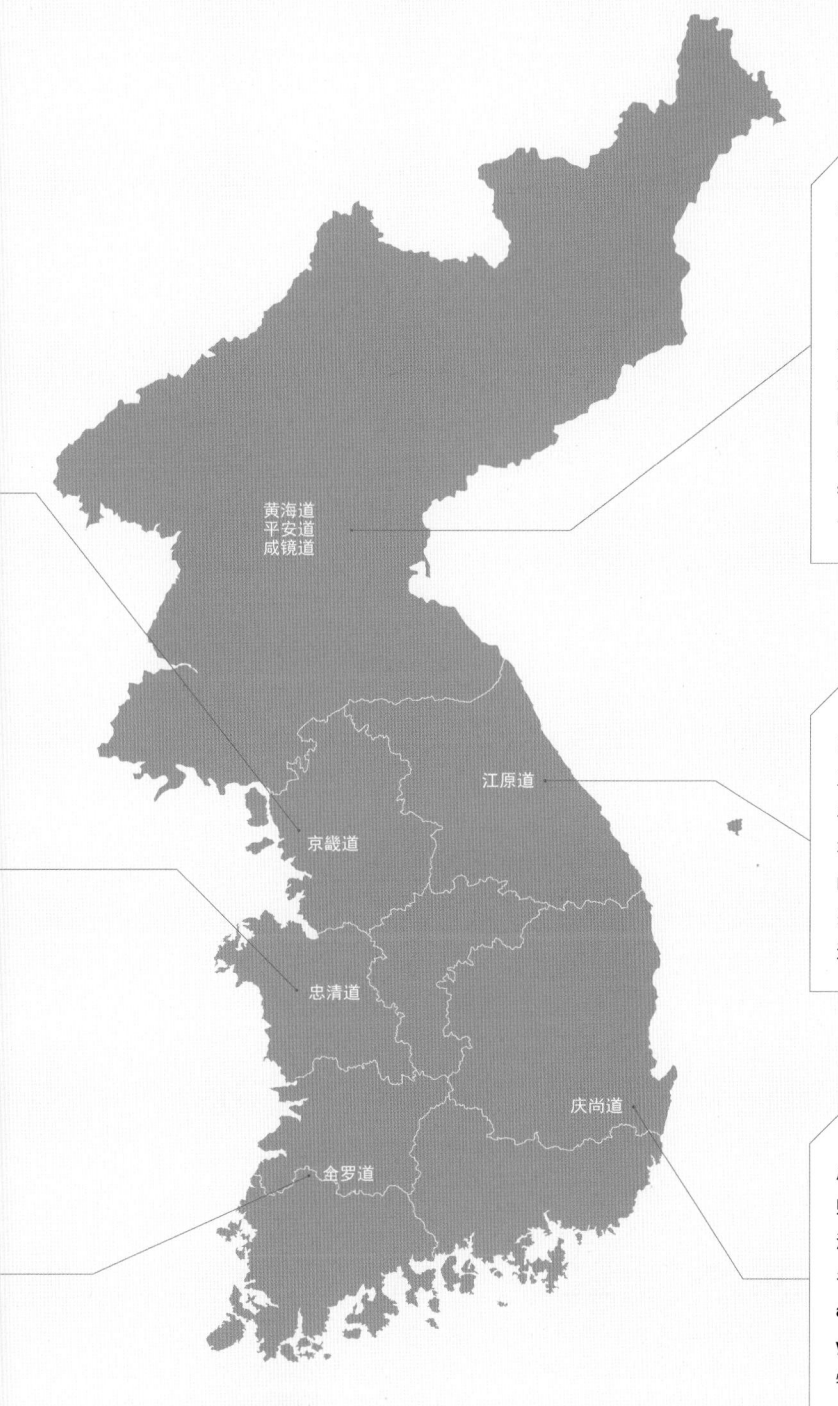

黄海道、平安道、咸镜道

我们的愿望是统一～因6.25战争分裂快有60年了。至今还有很多人在等待南韩和北韩能够统一。虽然国家分裂，但是北韩的饮食在南韩仍受瞩目。北韩饮食中在南韩最有名的要数**naengmyeon**（冷面）。将荞麦面泡在凉肉汤里吃的pyeongyangnaengmyeon（平壤冷面）和将淀粉面用辣椒调料拌着吃的hamheungnaengmyeon（咸兴冷面）是所有韩国人都最爱的食物。另外，**wangmandu**（王饺子）、**sundae**（米肠）、**jokbal**（酱猪手）等也是北韩有名的食物。

江原道

因江原道山高地险多种植杂粮，特别人们特别爱吃土豆。到现在还开玩笑称江原道人为**gamjabawi**（土豆石头）。这个地区用土豆、玉米、荞麦做的简朴食物非常多。**wongsimyi**（用土豆做成小团和小豆一起煮的粥）、**makguksu**（用荞麦做的面条）等很有名。另外，东海的明太鱼和鱿鱼、横城的**hanu**（韩牛）等也远近闻名。

庆尚道

庆尚道人性格以多血质和急性子出名。庆尚道饮食则以咸辣出名。因为处在东海和南海交界处，所以海产品很出名。釜山"zagalchi"市场就是韩国最著名的海鲜市场。海菜、鳗鱼、大蟹等非常出名。**agujjim**（炖鮟鱇鱼）、**dwaejigukbap**（猪肉汤饭）、**yukgaejang**（牛肉汤）等都是庆尚道人喜欢吃的食物。

팔도 음식 자랑

흔히 '팔도강산'이라는 말을 합니다. 우리나라를 구성하는 여덟 개의 지역을 묶어서 부르는 말입니다. 여덟 개의 지역은 경기도, 강원도, 충청도, 전라도, 경상도, 황해도, 평안도, 함경도로, 각 지역별로 고유의 문화를 발달시켜 왔습니다. 각 지역의 음식별 특징을 알아볼까요?

서울, 경기도

서울은 오랜 세월 조선의 수도로서, 양반이 많이 살아 격식과 맵시를 많이 따집니다. 서울 사람들을 '깍쟁이'라고도 부르지요. 깔끔 떨고 깐깐하며 새침하다는 의미입니다. 그런 성품 탓인지 음식 또한 격식과 맵시를 많이 따집니다. 너무 맵거나 짜지 않은 것도 특징입니다. 경기 지역에서 가장 유명한 특산물은 이천 쌀이며, 서울 음식 중에는 **삼계탕**, **불고기**, **신선로**, **설렁탕** 등이 유명합니다.

충청도

충청도는 산세가 부드럽고 기후도 온화하며, 그래서인지 사람들의 말씨도 느리고 점잖은 편입니다. 말이나 행동이 너무 굼뜨다고 다른 지역 사람들이 놀리기도 하지요. 충청도는 음식도 지역색이 강하지 않고, 담백하고 구수하며 소박합니다. **청국장**, **도토리묵**, 천안 **호두과자** 같은 음식이 유명합니다. 그리고 계절 따라 서해의 새우, 굴, 꽃게 등을 즐길 수도 있지요.

전라도

전라도는 곡식과 해산물 등이 다른 지방보다 월등하게 풍부하고, 음식 또한 매우 호사스럽습니다. 밥상이 푸짐해서 상다리 부러진다는 말이 있을 정도입니다. 양념과 젓갈을 많이 써서 맛이 진하고 구수하며, 팔도 음식 가운데 단연 최고로 칩니다. 전주의 **비빔밥**, **콩나물국밥**, 젓갈을 듬뿍 넣은 남도식 '김치', 순창의 '고추장', 나주의 **곰탕**, 흑산도 **홍어**, 목포 **세발낙지**, 벌교 **꼬막**, 영광 **굴비** 등등 다 열거할 수 없을 만큼 유명한 음식이 많습니다.

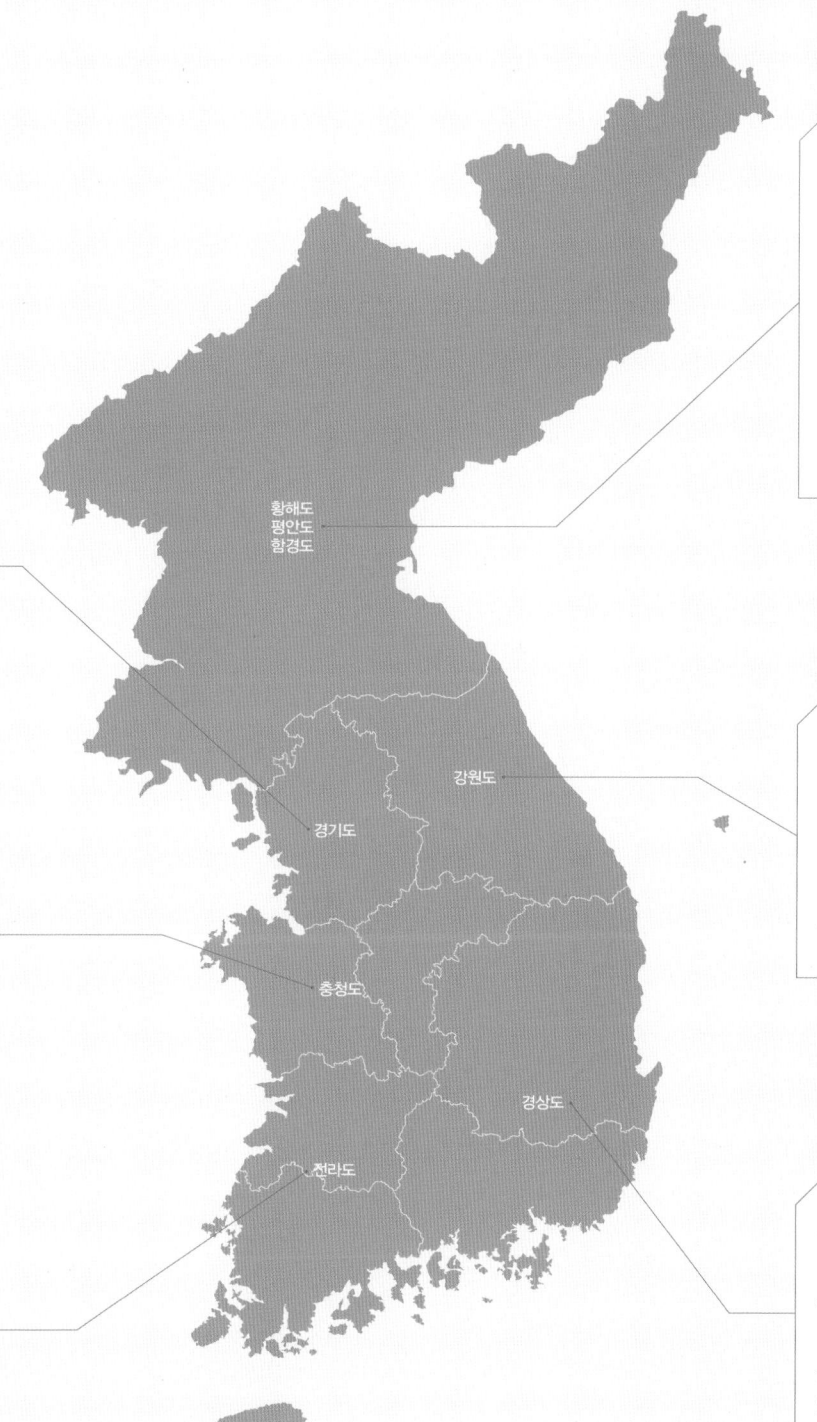

황해도, 평안도, 함경도

"우리의 소원은 통일~" 6.25 전쟁으로 분단된 지 약 60년이 되었습니다. 아직도 많은 사람들이 남한과 북한이 통일되기를 기다리고 있습니다. 나라는 갈라져 있지만 북한의 음식들은 남한에서도 인기를 끌고 있습니다. 북한 음식 중 남한에서 가장 유명한 것은 단연코 **냉면**입니다. 메밀국수를 찬 육수에 말아 먹는 '평양냉면'과, 전분국수를 고추 양념에 비벼 먹는 '함흥냉면'은 전 국민이 사랑하는 음식입니다. **왕만두**, **순대**, **족발** 등도 유명한 북한 음식입니다.

강원도

강원도는 산이 높고 험해 잡곡 농사를 많이 짓고, 특히 감자를 많이 먹습니다. 지금도 강원도 사람을 농담으로 '감자바위'라고 부르지요. 이 지역에서는 감자, 옥수수, 메밀로 만든 소박한 음식이 많습니다. **옹심이**, **막국수** 등이 유명하지요. 한편 동해의 명태와 오징어, 횡성의 **한우** 등도 유명합니다.

경상도

경상도 사람들은 성격이 다혈질이고 급한 것으로 유명합니다. 그리고 음식은 맵고 짜기로 유명합니다. 동해와 남해가 만나는 곳에 있어서 해산물도 유명하지요. 부산의 '자갈치' 시장은 전국에서 생선이 가장 싱싱하기로 유명한 곳입니다. 미역, 멸치, 대게 등이 유명하고요. **아구찜**, **돼지국밥**, **육개장** 등도 경상도에서 즐겨 먹는 음식이구요.

황해도
평안도
함경도

경기도

강원도

충청도

경상도

전라도

Banchan

菜肴 반찬

myeolchi hodu boggeum 鳀鱼炒核桃

멸치호두볶음

材料

janmyeolchi (小鳀鱼) 2杯 | hodu (核桃) 1杯

putgochu (青辣椒) 2个

bulgeunn gochu (红辣椒) 1个

dajin maneul (蒜末) 2小勺

sikyongyu (食用油) 3大勺

调料

seoltang (白糖) 4大勺 | matsul (料酒) 4大勺

cheongju (清酒) 2大勺 | ganjang (酱油) 2小勺

末尾调料

chamgireum (香油) 2大勺 | mulyeot (糖稀) 2大勺

tongggae (芝麻) 2小勺

做法

1 小鳀鱼剔除异物，放在没有油的马勺里略炒一下。

2 核桃切两半，辣椒切开去籽切成细丝。

3 煎锅里放油炒蒜，待炒出香味后，再放核桃和鳀鱼、辣椒一起炒。

4 凹马勺里放白糖和料酒、清酒、酱油熬开后，将炒好的鳀鱼和核桃、辣椒放入。

5 调料炒均匀后放糖稀，以便出光泽。

6 放香油和芝麻拌匀。

🍳小提示!

想让食物有光泽可放料酒或糖稀。

把火调小后放糖稀或料酒再炒一会儿就会显得很好吃。

재료

잔멸치 2컵 | 호두 1컵

풋고추 2개 | 붉은 고추 1개

다진 마늘 2작은술 | 식용유 3큰술

양념장

설탕 4큰술 | 맛술 4큰술

청주 2큰술 | 간장 2작은술

마무리 양념

참기름 2큰술 | 물엿 2큰술

통깨 2작은술

만드는 법

1 잔멸치의 잡티를 골라내고, 기름을 두르지 않은 팬에 살짝 볶습니다.

2 호두는 반을 가르고, 고추는 갈라 속을 털어낸 다음 가늘게 채를 썹니다.

3 프라이팬에 기름을 두른 후, 마늘을 볶아 향이 나면 호두와 멸치, 고추를 넣고 볶습니다.

4 오목한 팬에 설탕과 맛술. 청주, 간장을 넣고 끓인 뒤, 볶아놓은 멸치와 호두, 고추를 넣습니다.

5 재료에 양념이 고루 섞이면 물엿을 넣어 윤기 나게 볶습니다.

6 참기름과 통깨를 넣어 고루 섞습니다.

🍳Tip!

음식이 윤기 있어 보이게 하려면 맛술이나 물엿을 쓰면 됩니다. 불을 줄인 다음 물엿이나 맛술을 넣고 잠시만 더 볶으면 먹음직스러워집니다.

maneuljjong bogeum 炒蒜苔

마늘쫑볶음

材料

maneuljjong (蒜苔) 100g | ggotsaeu (花虾) 100g

sikyongyu (食用油) 1大勺

调料

dajin maneul (蒜末) 1小勺

ganjang (酱油) 2大勺 | mulyeot (糖稀) 2大勺

tongggae (芝麻) | chamgireum (香油)

做法

1 蒜苔洗好沥干水后切成3cm长。

2 花虾用煎锅不放油干炒去残刺。

3 锅里放油先炒蒜末直到出香味后，再放蒜苔和花虾一起炒。

4 材料炒匀时放调料赶紧炒。最后放芝麻。

재료

마늘쫑 100g | 꽃새우 100g

식용유 1큰술

양념

다진 마늘 1작은술

간장 2큰술 | 물엿 2큰술

통깨 | 참기름

만드는 법

1 마늘쫑은 씻어서 물기를 없앤 후 3cm 길이로 썹니다.

2 꽃새우는 마른 팬에 기름 없이 볶은 다음. 잔가시를 털어냅니다.

3 식용유를 두른 팬에 다진 마늘을 볶아. 향이 나면 마늘쫑과 꽃새우를 넣어 볶습니다.

4 재료가 어우러지면 양념장을 고루 뿌리고 재빨리 볶습니다. 마지막에 통깨를 뿌립니다.

gyeranmari 鸡蛋卷

계란말이

材料 🍴 4人份

dalgyal (鸡蛋) 4个 | kim (紫菜) 1张

sogeum (盐) 少许 | sikyongyu (食用油) 适量

做法

1 将鸡蛋打碎放碗里加盐摊匀。

2 平锅里放油，倒1/3左右的蛋液。

3 略微熟了的时候放紫菜，一边做形一边卷。

4 将剩余的蛋液倒入，一边弄熟一边卷厚点。

5 晾凉后斜切1cm宽即可。

재료 🍴 4인분

달걀 4개 | 김 1장

소금 약간 | 식용유 적당량

만드는 법

1 그릇에 달걀을 깨뜨리고 소금을 넣은 뒤 잘 섞습니다.

2 프라이팬에 식용유를 두르고 달걀물을 1/3 정도 붓습니다.

3 약간 익었을 때 김을 얹은 후 모양을 잡아가며 돌돌 맙니다.

4 나머지 달걀물을 부어 노릇하게 익혀가며 도톰하게 맙니다.

5 김이 나오도록 식힌 다음 1cm 폭으로 썰어서 담습니다.

miyeok oi naengguk 海菜黄瓜凉汤

미역오이냉국

材料

oi (黄瓜) 1/3根

bulri nmiyeok (泡好的海菜) 1/3杯

海菜调料

dajin maneul (蒜末) 2/3小勺

gukganjang (汤酱油) 1/2大勺

gochugaru (辣椒面) 1小勺

ggaesogeum (芝麻盐) 1/2小勺

凉汤水

gukganjang (汤酱油) 1/2大勺

seoltang (白糖) 1/2大勺

sikcho (米醋) 2大勺 | sogeum (盐) 1小勺

mul (水) 2杯

做法

1 黄瓜洗净切丝。

2 海菜泡开后用水里放盐焯一遍，然后用凉水冲洗并沥干水。

3 将沥干水的海菜用调料拌好待用。

4 在两杯白开水 (或净水器水或矿泉水) 里，放入凉汤水调料调好味以后，搁到冰箱里放凉。

5 将海菜和黄瓜入凉汤水中即可。

🧑‍🍳 小提示!

干海菜用水泡量会增加很多。大概市面上销售的一袋干海菜是超过20人份的大容量。为了不浪费，第一次要少泡点，估计好量。

재료

오이 1/3개 | 불린 미역 1/3컵

미역 양념

다진 마늘 2/3작은술 | 국간장 1/2큰술

고춧가루 1작은술 | 깨소금 1/2작은술

냉국물

국간장 1/2큰술 | 설탕 1/2큰술

식초 2큰술 | 소금 1작은술 | 물 2컵

만드는 법

1 오이는 잘 씻어 곱게 채 썹니다.

2 미역은 충분히 불린 후 끓는 물에 소금을 넣고 데친 다음. 찬물에 헹구고 물기를 꼭 짜냅니다.

3 짜낸 미역을 양념에 주물러 준비합니다.

4 팔팔 끓여 식힌 물(또는 정수기 물이나 생수) 2컵에 냉국물 양념을 넣고 간을 맞춘 후 냉장고에서 차게 식힙니다.

5 미역과 오이를 담고 차게 식힌 냉국물을 붓습니다.

🧑‍🍳 Tip!

마른 미역을 물에 불리면 아주 많이 불어납니다. 대개 시판되는 마른 미역 한 봉지는 20인분이 넘는 대용량입니다. 낭패를 보지 않도록, 처음에는 조금씩 불려가며 양을 가늠하세요.

miyeok dasima boggeum 海菜炒海带

미역다시마볶음

材料

miyeok julgi (海菜茎) 200g

dasima (海带) (10x10cm) 2片

yangpa (洋葱) 1/2个

调料

sikyongyu (食用油) 3大勺

chamgireum (香油) 1大勺

dajin maneul (蒜末) 1/2大勺

ganjang (酱油) 1大勺 | ggaesogeum (芝麻盐) 少许

sogeum (盐) 少许 | huchugalu (胡椒粉) 少许

做法

1 海菜茎用凉水泡去除咸味。时不时尝尝味道，适当的时候捞出来。将捞出的海菜茎用力搓洗沥干水。

2 海带泡开切丝，洋葱也切丝待用。

3 煎锅里放香油和食用油炒蒜末至出香味的时候放海菜茎、海带、洋葱一起炒。

4 用酱油调味，最后放芝麻盐、胡椒粉。咸淡不够的时候用盐调味。

재료

미역 줄기 200g

다시마(10x10cm) 2장

양파 1/2개

양념

식용유 3큰술 | 참기름 1큰술

다진 마늘 1/2큰술 | 간장 1큰술

깨소금·소금·후춧가루 조금씩

만드는 법

1 미역 줄기는 찬물에 담가 짠맛을 뺍니다. 중간중간 맛을 봐가며, 적당할 때 건져냅니다. 건져낸 미역 줄기를 주물러 헹궈서 물기를 뺍니다.

2 다시마는 불려서 채 썰고 양파도 채 썹니다.

3 팬에 참기름과 식용유를 두르고 다진 마늘을 볶아 향이 나면 미역 줄기, 다시마, 양파를 넣고 볶습니다.

4 간장으로 간을 하고 깨소금, 후춧가루로 마무리합니다. 부족한 간은 소금으로 조질합니다.

boseot boggeum 炒蘑菇

버섯볶음

材料

neutariboseot (鲜蘑) 100g

saesongiboseot (杏鲍菇) 3个

pimang (柿子椒)，yangpa (洋葱) 各1/2个

maneul (蒜) 3瓣

sogeum (盐)，huchugaru (胡椒粉) 少许

调料

ganjang (酱油) 1~2大勺

seoltang (白糖)，cheongju (清酒) 各1/2大勺

chamgirum (香油) 1小勺

tongggae (芝麻)

做法

1 鲜蘑洗净撕细些。

2 杏鲍菇切成5cm长的丝，柿子椒切两半去籽切成一样长度的丝。洋葱也切成丝。

3 煎锅放油将蘑菇和柿子椒稍微炒一下。炒的时候用盐和胡椒粉调味。

4 锅里重新放油，先炒一下蒜，再放洋葱炒一会儿。

5 倒入先炒好的杏鲍菇和柿子椒后用香油、芝麻做调料。

🍳 小提示！

请用中火慢慢炒蘑菇。为了保持蘑菇的香和味道，炒的时候需要有要领。要用中火慢慢炒，油最好少放些。汤快涝锅的时候稍微放些水。这样即亮滑又鲜嫩。

재료

느타리버섯 100g

새송이버섯 3개

피망, 양파 1/2개씩

마늘 3쪽 | 소금, 후춧가루 약간

양념

간장 1~2큰술

설탕, 청주 1/2큰술씩

참기름 1작은술 | 통깨

만드는 법

1 느타리버섯은 잘 씻어서 가늘게 찢습니다.

2 새송이버섯은 5cm 길이로 채 썰고 피망은 반 갈라 씨를 제거한 뒤, 같은 길이로 채 썰어놓습니다. 양파도 채 썰어놓습니다.

3 팬에 기름을 두르고 버섯과 피망을 살짝 볶아서 식힙니다. 볶을 때 소금, 후추로 간을 합니다.

4 다시 팬에 기름을 두르고 마늘을 먼저 볶다가 양파를 넣고 조금 더 볶습니다.

5 미리 볶아 둔 새송이버섯과 피망을 합친 후 참기름, 통깨로 양념합니다.

🍳 Tip!

버섯은 중불에서 천천히 볶으세요. 버섯의 향과 감칠맛을 살리기 위해서는 볶을 때 요령이 필요합니다. 중불에서 천천히 볶고 기름은 조금만 넣는 게 좋아요. 물기가 자작하게 말라가면 물을 조금 뿌려주세요. 이렇게 하면 촉촉하면서도 부드럽습니다.

jeyuk boggeum 炒五花肉

제육볶음

材料 两人份

dwaejigogi moksal (猪脖子肉) 200g

yangpa (洋葱) 1/2头

daepa (大葱) 1/2根

putgochu (青辣椒) 2个

调料

gochujang (辣椒酱) 2大勺

gochugalu (辣椒面)，ganjang (酱油)，

matsul (料酒)，seoltang (白糖)，

mulyeot (糖稀) 各1大勺

cheongju (清酒) 1/2大勺

dajin maneul (蒜末) 1/2大勺

chamgireum (香油)，saenggangjeub (姜汁)

各1小勺

做法

1 脖子肉切成大小适中后，将调料盛出一半倒入调料。

2 洋葱切丝，大葱和辣椒斜切，蒜切成片。

3 煎锅放油，将腌制好的肉用调料拌好。

4 烤到一半熟的时候把剩余的调料倒进去再炒一会儿，然后放洋葱、大葱、辣椒。

재료 2인분

돼지고기 목살 200g | 양파 1/2개

대파 1/2 뿌리 | 풋고추 2개

양념장

고추장 2큰술

고춧가루, 간장, 맛술, 설탕, 물엿 1큰술씩

청주 1/2큰술 | 다진 마늘 1/2큰술

참기름, 생강즙 1작은술씩

만드는 법

1 목살은 한입에 먹기 좋은 크기로 썬 뒤 양념장의 반을 덜어 무칩니다.

2 양파는 채 썰고, 대파와 고추는 어슷하게 썰고, 마늘은 저밉니다.

3 팬에 기름을 두르고 양념한 고기를 굽습니다.

4 고기가 절반쯤 익었을 때 나머지 양념장을 넣고 볶다가 양파, 대파, 고추를 넣습니다.

soegogi jang jorim 酱牛肉

쇠고기장조림

材料

soegogi(牛肉(牛臀))300g

chamgireum(香油)少许

酱料

jinganjang(浓缩酱油)1/2杯

seoltang(白糖)1大勺 | mameul(蒜)1头

saenggang(生姜)1瓣 | mul(水)3杯

做法

1 牛肉切成5cm大小的块儿，用水泡除血水。

2 锅里放香油将肉略炒一下后，倒水煮30分钟左右，直到把肉煮烂。用筷子扎不出血水，很容易扎进去就是熟了。

3 肉里加浓缩酱油、白糖、整蒜、蒜片重新炖。

4 要一边均匀地往肉上浇汤汁一边炖。

5 汤汁大概熬剩三分之一的时候，从火上拿下来晾凉后顺丝撕肉。

6 为了让酱牛肉看上去油润，上桌前再浇上点酱汁。

🧑‍🍳 小提示！

卖肉店可以按部位要"牛里脊"、"腱子肉"，也可以说要料理的部位。如"烧烤类"、"酱牛肉类"、"汤类"这种方式。酱牛肉的酱汤里放鸡蛋或鹌鹑蛋煮也很好。

재료

쇠고기(우둔) 300g | 참기름 약간

조림장

진간장 1/2컵 | 설탕 1큰술

마늘 1쪽 | 생강 1쪽 | 물 3컵

만드는 법

1 쇠고기를 5cm 길이로 토막치고 물에 담가 핏물을 뺍니다.

2 냄비에 참기름을 두르고 고기를 살짝 볶은 뒤, 물을 붓고 고기가 무를 때까지 30분 정도 삶습니다. 젓가락으로 찔러 핏물이 나오지 않고 부드럽게 들어가면 다 익은 것입니다.

3 고기에 진간장, 설탕, 통마늘, 저민 생강을 넣고 다시 조립니다.

4 국물을 고기에 골고루 끼얹어가며 졸입니다.

5 국물이 1/3 정도로 졸면 불에서 내려 한 김 식힌 후 고기를 결대로 찢습니다.

6 상에 낼 때는 촉촉하게 국물을 끼얹습니다.

🧑‍🍳 Tip!

정육점에서는 부위별로 '안심', '사태'를 달라고 말해도 되지만, 요리할 부위를 달라고 해도 됩니다. '불고깃감', '장조림감', '국거리' 이런 식으로요. 장조림 국물에는 계란이나 메추리알을 삶아서 넣어도 좋아요.

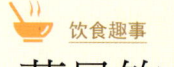

饮食趣事

节日饮食

seollal (春节)

是阴历1月1日，阳历通常在1月末至2月份中间。和 "chuseok
（中秋节）" 一样，是韩国最大的节日。因为是新年第一次
向祖先问候，所以 "seollal" 时所有人都要穿新衣服祭
祀。还有会拜访家族亲戚及邻居，给他们行大礼，这个
叫 "sebae"（叩头的意思）。

新的一年春节食物是 "ddeokguk（年糕汤）"（请参考140
页）。是将白年糕放到肉汤里煮着吃，吃了这个才能算长
一岁。年幼的孩子们吃两碗 "ddeokguk（年糕汤）" 时还会顽
皮地说自己长了两岁。

jeongwoldaeboreum (正月元宵节)

1月又称为 "jeongwol（正月）"，正月的阴历15日那天月亮会变
成 "boreumdal（圆月）"，这一天叫做 "jeongwoldaeboreum（正月十五）"。

正月十五这一天将板栗、核桃、松籽、花生之类的坚果连皮使劲咬碎吃，这
个叫 "bureom（咬碎）"。谚语称有bureom（咬碎）牙齿才不会碎，而且还会坚硬。饮食
则是煮 "ogokbap（五谷饭）" 吃。是指放五种杂粮做米饭的意思，但并不一定非要放五种。根据
喜好，还可用江米、高粱、小豆、小米、大枣、黄豆、银杏、板栗等焖饭，拌干菜吃。

ddeokguk | 떡국

sambok (三伏)

炎热潮湿的夏天中，最热的是节气中的 "chobok（初伏）、jungbok（中伏）、malbok（末伏）" 这三节。韩国人将这三节伏天称为 "sambok（三伏）"。这
个时候为了 "iyeolchiyeol（以热治热）" 而吃热的食物来保养身体。

伏天饮食中最出名的属 "gaejangguk（狗肉汤）"。在狗肉中加辣椒酱，辣椒面熬成辣汤喝。不吃狗肉的人吃用牛肉熬的 "yukgaejang（辣牛肉汤）"。
近来随着不吃狗肉的人越来越多，大多数人吃 "samgyetang（参鸡汤）"（请参考116页）。

hangawi (中秋)

是指阴历8月15日，又称为 "chuseok（中秋节）" 或 "hangawi"。和 "seollal（春节）" 同为韩民族最大的节日。用那一年收获的各种谷物和蔬菜做丰盛
的食物吃。其中不能漏掉的就是 "songpyeon（松饼）"（请参考146页）。做成白色的，也做成艾蒿色的，用芝麻、板栗、豆等做馅蒸着吃。此外祭祀
的时候还会做各种蔬菜、饼、煎饼吃。

dongji (冬至)

冬至是一年当中白天最短夜晚最长的一天。大概是阳历12月22日左右。说起冬至很多人会立刻浮想起 "patjuk（小豆粥）"，它是将红红的小豆泡开
和大米一起熬成粥，并用江米面揉 "saealsim（鸟蛋）" 放在粥里。

명절 음식

설날

음력으로는 1월 1일인데, 양력으로는 보통 1월 말에서 2월 사이입니다. '추석'과 함께 우리나라에서 가장 큰 명절입니다. '설날'에는 새 옷을 입고 조상께 드리는 새해 첫 인사로서 차례를 지냅니다. 또 일가친척과 이웃의 어른을 찾아뵙고 큰절을 드리는데, 그것을 '세배'라고 하지요.

설날에는 '떡국'(140쪽 참조)을 먹습니다. 흰 떡을 고깃국물에 넣어 끓여 먹는데, 이것을 먹어야 나이를 한 살 먹는다고 하지요. 어린아이들은 '떡국'을 두 그릇 먹고 나이를 두 살 먹었다고 귀여운 애교를 부리기도 합니다.

정월 대보름

1월을 '정월'이라고 하고, 정월의 음력 15일에는 달이 꽉 찬 '보름달'이 되는데 이날을 '정월 대보름'이라고 합니다. 정월 대보름날에는 밤, 호두, 잣, 땅콩 같은 견과류를 껍질째 꽉 깨물어 먹는데, 이것을 '부럼'이라고 합니다. 부럼을 해야 부스럼이 나지 않고 이가 튼튼해진다는 옛말이 있어요. 음식으로는 '오곡밥'을 해 먹습니다. 다섯 가지 잡곡을 넣은 밥이라는 뜻이지만, 꼭 다섯 가지를 넣는 것은 아닙니다. 취향에 따라 찹쌀, 수수, 팥, 조, 대추, 콩, 은행, 밤 등으로 밥을 짓고, 마른 나물을 요리해 먹습니다.

삼복

덥고 습한 여름 가운데 가장 더운 절기는 '초복, 중복, 말복'의 세 번입니다. 세 번의 복날을 '삼복'이라고 합니다. 이때는 '이열치열'이라고 해서, 덥지만 오히려 뜨거운 음식을 먹어서 몸을 보양합니다.

복날 음식으로 가장 유명한 것은 '개장국'입니다. 개고기를 고추장과 고춧가루로 맵게 끓인 것인데, 개고기를 먹지 않는 사람은 소고기로 끓인 '육개장'을 먹습니다. 요즘에는 개고기를 먹지 않는 사람이 많아지면서 대신에 '삼계탕'(116쪽 참조)을 많이 먹습니다.

한가위

음력 8월 15일을, '추석' 또는 '한가위'라고 합니다. '설날'과 함께 우리 민족 최대의 명절이지요. 그해에 수확한 갖은 곡식과 야채로 풍성한 음식을 차려 먹습니다. 그중 꼭 빠뜨리지 않는 것이 '송편'(146쪽 참조)입니다. 흰색으로 빚기도 하고 쑥색으로 빚기도 하는데, 깨, 밤, 콩 등으로 소를 만들어 넣어 쪄 먹습니다. 이 외에도 갖은 나물, 전, 부침 등을 만들어 차례를 지내고 푸짐하게 먹습니다.

동지

동지는 일 년 가운데 가장 낮이 짧고 밤이 긴 날입니다. 양력으로 12월 22일경입니다. 동짓날 하면 '팥죽'이 바로 떠오릅니다. 붉은 팥을 불려서 쌀과 섞어 죽을 끓이고, 찹쌀로 '새알심'을 빚어 쏙쏙 집어넣는 음식입니다.

samgyetang | 삼계탕

Nameul

拌菜 나물

gosali nameul 拌蕨菜

고사리나물

材料

salmeun gosali（煮好的蕨菜）300g

mul（水）或yuksu（肉汤）4大勺

tonggae（芝麻）少许

拌菜调料

gukganjang（汤酱油）1大勺

chamgireum（香油）1/2大勺

ggaesogeum（芝麻盐）少许

dajin pa（葱花）1小勺

dajin maneul（蒜末）1/2小勺

做法

1 干蕨菜要泡一晚上后煮到变软为止，然后洗净。

2 将蕨菜茎硬的部分剪掉，剪成5cm的长度。

3 为了将蕨菜均匀炒熟，要上下翻着炒。

4 放调料后继续炒，然后放肉汤或水盖上盖子用小火焖熟。

5 熟了以后撒上芝麻即可。

재료

삶은 고사리 300g

물 또는 육수 4큰술 | 통깨 약간

나물 양념

국간장 1큰술 | 참기름 1/2큰술

깨소금 약간 | 다진 파 1작은술

다진 마늘 1/2작은술

만드는 법

1 말린 고사리는 하룻밤 물에 불렸다가 부드러워질 때까지 삶은 뒤 깨끗이 헹굽니다.

2 고사리의 줄기가 단단한 부분을 잘라내고 5cm 정도의 길이로 자릅니다.

3 고사리가 고루 익도록 위아래로 뒤집으며 볶습니다.

4 나물 양념을 넣고 다시 볶다가, 육수 또는 물을 넣고 뚜껑을 덮어 약한 불로 익힙니다.

5 부드럽게 익으면 통깨를 뿌립니다.

sigeumchi nameul 拌菠菜

시금치나물

材料

sigeumchi (菠菜) 1捆 (300g)

sogeum (盐) 少许

tonggae (芝麻) 少许

拌菜调料

gukganjang (汤酱油) 1大勺

dajinpa (葱花) 1小勺

dajinmaneul (蒜末) 1/2小勺

chamgireum (香油) 1大勺

ggae so geum (芝麻盐) 1/2大勺

做法

1 菠菜摘掉蔫叶。

2 水里放少许盐后煮开，在打开锅盖的情况下将菠菜焯成绿色后马上用凉水冲洗沥干。

3 将菠菜捋顺根部整齐地剪掉。然后切成5cm长。

4 菠菜里放入调料拌匀搅拌，撒上芝麻即可。

재료

시금치 1단(300g)

소금 약간 | 통깨 약간

나물 양념

국간장 1큰술 | 다진 파 1작은술

다진 마늘 1/2작은술

참기름 1큰술 | 깨소금 1/2큰술

만드는 법

1 시금치는 시든 잎을 뗍니다.

2 물에 소금을 약간 넣고 팔팔 끓인 후, 시금치를 뚜껑을 연 채로 파랗게 데친 뒤 바로 찬물에 헹구어 물기를 꼭 짜냅니다.

3 시금치의 뿌리 부분을 모아 가지런히 잘라서 내버립니다. 그리고 나머지를 5cm 길이로 썹니다.

4 시금치에 양념을 넣고 고루 무쳐서 그릇에 담고, 통깨를 뿌려 냅니다.

saeng cheu namul boggeum 炒马蹄叶

생취나물볶음

材料

saeng chue (新鲜的马蹄叶) 300g
deulggaegalu (苏子粉) 3大勺
gukganjang (汤酱油) 1大勺
ggaesogeum (芝麻盐) 1大勺
dajin pa (葱花) 1大勺
dajin maneul (蒜末) 1小勺
cham gireum (香油) 1/2大勺
seoltang (白糖) 1小勺

做法

1 马蹄叶收拾干净用热水焯一下，然后用凉水冲洗沥干。

2 焯完的马蹄叶放入葱花、蒜、汤酱油、白糖拌匀。

3 边磨生苏子籽边淋水，磨出的乳白色水过滤待用。（如果使用苏子粉，用水调好即可。）

4 锅里放拌好的马蹄叶炒一会儿，放苏子水后一直炒到没有汤为止即可。

재료

생취 300g
들깨가루 3큰술
국간장 1큰술
깨소금 1큰술
다진 파 1큰술
다진 마늘 1작은술
참기름 1/2큰술
설탕 1작은술

만드는 법

1 취는 다듬어서 끓는 물에 삶은 뒤 차게 헹구어 물기를 짭니다.

2 삶은 취에 다진 파, 마늘, 국간장, 설탕을 넣고 무칩니다.

3 생들깨를 곱게 갈면서 물을 조금씩 부어 뽀얀 물을 낸 다음 그 국물을 맑게 거릅니다. (들깨가루를 사용한다면, 물에 잘 섞어주면 됩니다.) 들깨국물에 소금간을 약간만 합니다.

4 양념 넣고 무친 취를 냄비에 넣고 볶다가 들깨국물 낸 것을 부은 뒤, 국물이 없어질 때까지 볶아서 냅니다.

geon chue namul bogeum 炒干马蹄叶

건취나물볶음

材料

malin chue (干马蹄叶) 40g (泡发的100g, 煮的180g)

sogeum (盐) 1/2小勺

gukganjang (汤酱油) 1小勺

ggaesogeum (芝麻盐) 1小勺

dajin pa (葱花) 1小勺

dajin maneul (蒜末) 1小勺

chamgireum (香油) 2小勺

sikyongyu (食用油) 1小勺

做法

1 锅里放足水将泡发的马蹄叶放进去煮烂。马蹄叶的叶子煮开, 茎也煮软时捞出用凉水冲洗沥干。这样才能去掉涩味。

2 放汤酱油、葱、蒜、芝麻盐拌匀。

3 把锅烧热放油用中火慢慢炒。

4 放水盖上盖子焖熟即可。

小提示!

晾马蹄叶的方法是：在当令季节春天挑叶子没有烂或裂的。
去掉老茎, 用草绳绑好, 放在通风好的阴凉处晾干即可。

재료

말린 취 40g (불리면 100g, 묽게 삶으면 180g)

소금 1/2작은술 | 국간장 1작은술

깨소금 1작은술 | 다진 파 작은술

다진 마늘 1작은술 | 참기름 2작은술

식용유 1작은술

만드는 법

1 물을 넉넉히 부은 냄비에 따뜻한 물에 불린 취를 넣고 충분히 삶습니다. 취의 잎이 펴지고 줄기도 부들부들해지면 건져서 찬물에 헹군 뒤 물기를 꼭 짜냅니다. 그래야 떫은맛이 우러납니다.

2 국간장, 파, 마늘, 깨소금을 넣고 고루 무칩니다.

3 냄비를 달군 후 기름을 두르고 중불에서 서서히 볶습니다.

4 물을 붓고 뚜껑을 덮어 익힙니다.

Tip!

취 말리는 방법 제철인 봄에 잎이 뭉그러지거나 갈라지지 않은 것으로 고르세요. 질긴 줄기는 떼어내고 새끼줄로 엮어서, 바람이 잘 통하는 서늘한 곳에서 말리면 됩니다.

aehobak namul 拌角瓜

애호박나물

材料

aehobak(角瓜)1个(250g)

sogeum(盐)1小勺

dajinpa(葱花)1小勺

dajinmaneul(蒜末)1/2小勺

silgochu(辣椒丝)少许

chamgireum(香油)1小勺

ggaesogeum(芝麻盐)1/2小勺

sikyongyu(食用油)1大勺

做法

1 角瓜要选细的，薄薄地切成0.3cm，撒上盐腌上。

2 葱、蒜剁碎，辣椒丝剪短成3cm长度。

3 角瓜腌好后用清水冲洗沥干水。

4 煎锅烧热后放油将腌好的角瓜速炒至变得透明时放香油、葱、蒜、芝麻盐稍微拌一下。

小提示!

放虾酱会比放盐更好吃。

재료

애호박 1개(250g) | 소금 1작은술

다진 파 1작은술 | 다진 마늘 1/2작은술

실고추 약간 | 참기름 1작은술

깨소금 1/2작은술 | 식용유 1큰술

만드는 법

1 애호박은 가는 것으로 골라 0.3cm 두께로 얇게 썰고 소금을 뿌려 절입니다.

2 파, 마늘은 곱게 다지고, 실고추는 3cm 길이로 짧게 끊어 놓습니다.

3 호박이 절여지면 물에 살짝 헹궈 물기를 뺍니다.

4 팬을 달궈 기름을 두르고 절인 호박을 넣어 재빨리 볶아, 투명하게 익으면 참기름, 파, 마늘, 깨소금을 넣고 살짝 버무립니다.

Tip!

소금 대신 새우젓을 넣으면 더욱 맛있습니다.

mumalraengi muchim 拌萝卜干

무말랭이무침

材料

mumalraengi (萝卜干) 2杯

调料

dajin pa (葱花) 1大勺

dajin maneul (蒜末) 1大勺

ganjang (酱油) 1大勺

gochujang (辣椒酱) 1大勺

ggaesogeum (芝麻盐) 1大勺

myeolchiaekeot (鳀鱼酱) 1大勺

gochugalu (辣椒面) 1/2大勺

seoltang (白糖) 2大勺

做法

1 萝卜干用水泡一晚上。

2 放葱花、蒜末、酱油、辣椒酱、芝麻盐、鳀鱼酱、辣椒面、白糖拌匀做成调料。

3 泡好的萝卜干挤干水用调料拌匀。

4 吃之前撒上芝麻盐。

재료

무말랭이 2컵

양념장

다진 파 1큰술 | 다진 마늘 1큰술

간장 1큰술 | 고추장 1큰술

깨소금 1큰술 | 멸치액젓 1큰술

고춧가루 1/2큰술 | 설탕 2큰술

만드는 법

1 무말랭이는 물에 불려 하룻밤 그대로 둡니다.

2 다진 파, 다진 마늘, 간장, 고추장, 깨소금, 멸치액젓, 고춧가루, 설탕을 넣고 잘 섞어 양념장을 만듭니다.

3 불린 무말랭이에서 물기를 꼭 짜내고 양념장에 버무립니다.

4 먹기 직전에 깨소금을 뿌려서 냅니다.

饮食和谚语

sijang i banchan ida

（饿了就是菜）

肚子饿的时候用 "sijanghada（这句话）"。即，肚子饿的时候什么都好吃的意思。

dak jabameogo oribal naeminda

（吃鸡伸鸭爪）

吃了别人的鸡，当鸡的主人问起时，却回答不是鸡而是吃了鸭子的谎话。这时伸出有脚蹼的鸭爪。即，犯了错误还抵赖的意思。还可以简单地说 "oribal naeminda（伸鸭爪）"。

nuwoseo ddok meokgi

（躺着吃饼）

非常容易做的事情叫做 "躺着吃饼"。游手好闲吃饭时还不放桌子，伸手很容易吃到的意思。但是实际上躺着吃饼会噎嗓子眼儿，所以并不是一件容易事。

ddukbaegi boda jang mat

（别看砂锅看酱味儿）

"Ddukbaegi" 是用陶做的厚重食具，有的地区还念 "dduksuli"，"tugali"。虽然是厚重不好看的食具，但是用它熬汤或炖汤最好喝。即，虽然表面丑陋，但里面笃实就可以的意思。也可以用来指虽然脸长的不好看，但心眼儿好就行的意思。

ddeok jul saram eun saenggakdo gaji aneunde kimchi guk buto masinda

（给饼的人想都没想，自己先喝泡菜汤）

对毫无着落的事情自作多情的意思。但是为何是 "kimchiguk" 呢？因为吃饼的时候大部分都是和萝卜泡菜或水泡菜汤一起吃。泡菜汤可以帮助把硬邦邦的饼咽下去。

maparame genun gamchu deut

（南风吹过，螃蟹藏眼）

"maparame" 是古代谚语，是指从南边吹过来的风。因为螃蟹胆子很小，即使南风轻轻吹过，也会迅速把眼睛藏进壳里，速度相当快。近来通常用来比喻吃东西快。

meokdaga gulmeo jungneunda

（吃着饿死了）

吃剥壳类的，挖了半天里面却没有什么可吃的食物时，开玩笑地说吃着饿死了。是吃花蟹之类的食物时通常说的话。

geum gang san do sik hu gyeong ida

（金刚山也是食后景）

问韩国最美丽的山是哪座时，谁都会回答说在北韩的 "geumgangsan"。但是即使要观赏这般美丽的 geumgangsan，也要填饱肚子，美景才能入眼帘的意思。就是说吃饭是最重要的事情。

음식과 속담

시장이 반찬이다
배가 고플 때 시장하다는 말을 쓰지요. 즉 배가 고프면 반찬이 없더라도 모든 음식이 맛이 있다는 뜻입니다.

닭 잡아먹고 오리발 내민다
남의 닭을 잡아먹고는 닭 주인이 물어보면 닭이 아니라 오리를 먹었다고 거짓말을 합니다. 이때 물갈퀴가 달린 오리발을 내미는 것입니다. 즉 잘못을 저지르고서 발뺌을 하는 것을 말합니다. 줄여서 '오리발 내민다.'라고도 해요.

누워서 떡 먹기
아주 하기 쉬운 일을 '누워서 떡 먹기'라고 합니다. 가만히 빈둥거리면서 밥상을 차릴 것도 없이 손으로 손쉽게 집어 먹는다는 의미입니다. 하지만 실제로 누워서 떡을 먹어 보면 목이 막혀서 아주 쉬운 일은 아니에요.

뚝배기보다 장맛
'뚝배기'는 오지로 만든 두툼한 그릇으로, 지역에 따라서 '뚝수리', '투가리' 같은 별칭도 있습니다. 두툼하고 못생긴 그릇이지만, 여기에 국이나 찌개를 끓이면 더 맛있습니다. 즉 겉모습이 추해도 내용이 알차면 된다는 의미입니다. 얼굴이 못생겨도 마음씨가 착하면 된다는 뜻으로도 씁니다.

떡 줄 사람은 생각도 하지 않는데 김칫국부터 마신다
헛된 기대에 부풀어 있다는 의미예요. 그런데 왜 하필 '김칫국'이냐? 왜냐하면 떡을 먹을 때는 대개 나박김치나 물김치 국물과 함께 먹습니다. 뻑뻑한 떡이 꿀꺽꿀꺽 잘 넘어가게 해주는 것이 김칫국이거든요.

마파람에 게 눈 감추듯
'마파람'은 옛말인데, 남쪽에서 부는 바람입니다. 게는 겁이 많아 잔잔한 마파람만 불어도 얼른 눈을 껍질 속에 감추는데, 그 속도가 정말 빠릅니다. 요즘은 흔히 음식을 빨리 먹을 때 마파람에 게 눈 감춘다고 합니다.

먹다가 굶어 죽는다
껍질을 벗겨내거나 한참 파헤쳐야 되지만 막상 먹을 것이 거의 들어 있지 않은 음식을 먹을 때 농담 삼아 먹다가 굶어 죽는다고 해요. 꽃게 같은 음식을 먹을 때 흔히 하는 말입니다.

금강산도 식후경이다
우리나라에서 가장 아름다운 산이 뭐냐고 묻는다면 누구나 북한에 있는 '금강산'을 첫째로 꼽습니다. 하지만 그렇게 아름다운 금강산도 일단 배가 불러야 눈에 들어온다는 뜻입니다. 먹는 일이 가장 중요하다는 것이지요.

Guk/Jjigae

汤/炖汤 국/찌개

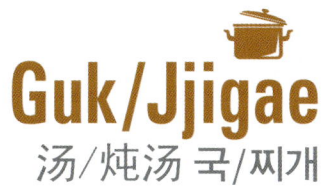

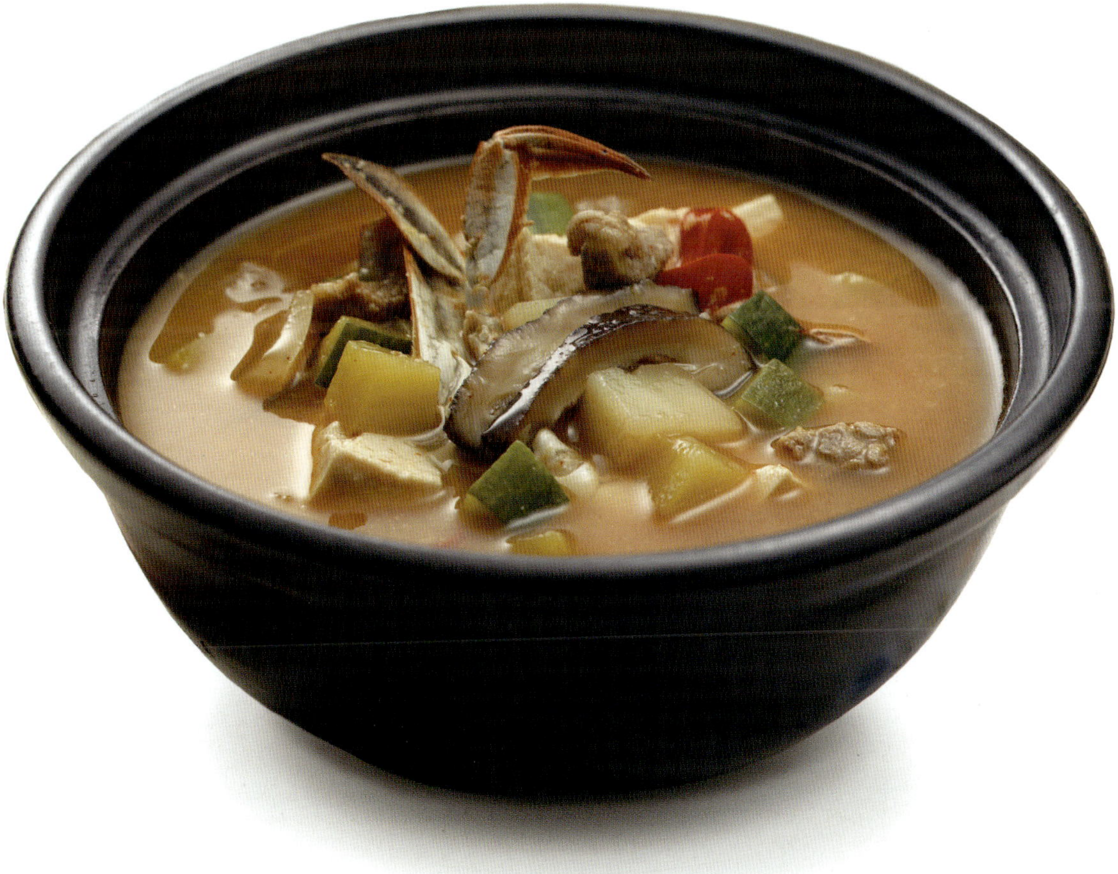

doenjangjjigae

大酱汤 된장찌개

soegogi miyeokguk 牛肉海菜汤

쇠고기미역국

材料 ❙ 4人份

mareun miyeok (干海菜) 25g

soegogi (牛肉) 150g

mul (水) 8杯

dajin maneul (蒜末) 1小勺

gukganjang (汤酱油) 2大勺

sogeum (盐) 少许

肉调料

gukganjang (汤酱油) 1/2大勺

dajin maneul (蒜) 末1/2小勺

chamgireum (香油) 1大勺

huchugalu (胡椒粉) 少许

做法

1 海菜泡开后洗净切成4cm长度。

2 肉切片用调料拌好。

3 锅里放香油把用调料拌好的牛肉略炒一下，再放泡开的海菜和水、蒜一起煮。用汤酱油和盐调味。

小提示!

海菜对产妇来说是特别好的食物。给产妇吃的时候用没有去茎的大海菜做汤最好。还有，生日桌上海菜也是必备的食物。但是要考试的人不宜海菜汤。因为 '海菜' "滑"，洗吃了考试会不及格。

재료 ❙ 4인분

마른 미역 25g | 쇠고기 150g

물 8컵 | 다진 마늘 1작은술

국간장 2큰술 | 소금 약간

고기 양념

국간장 1/2큰술 | 다진 마늘 1/2작은술

참기름 1큰술 | 후춧가루 약간

만드는 법

1 미역은 불린 뒤 깨끗이 씻어 4cm 정도로 썹니다.

2 고기는 납작하게 썰어 양념합니다.

3 냄비에 참기름을 두르고 양념한 고기를 볶다가 불린 미역, 물, 마늘을 넣어 끓입니다. 국간장과 소금으로 간을 합니다.

Tip!

미역국은 산모에게 특히 좋은 음식입니다. 산모에게 먹일 때는 가지를 꺾지 않은 큼직한 미역으로 국을 끓이지요. 또 생일상에도 반드시 오르는 음식입니다. 하지만 시험을 치는 사람은 미역국을 먹지 않습니다. '미역'이 '미끄럽기' 때문에 먹으면 시험에서 미끄러진다고 하거든요.

bukeoguk 干明太鱼汤

북엇국

材料 🍴 4人份

bokeo(干明太鱼)1条(150g)或

bukeochae(干明太鱼丝)80g

mul(水)8杯

gukganjang(汤酱油)少许

milgalu(白面)1大勺

dalgyal(鸡蛋)1个

silpa(小葱)4根

干明太鱼调料

gukganjang(汤酱油)1大勺

chamgireum(香油)1大勺

huchugalu(胡椒粉)少许

鳀鱼汤

gukmulyong myeolchi(汤用鳀鱼)10~15条

dasima(海带)(10×10cm)1片

yangpa(洋葱)1/4头

mul(水)4杯

做法

用整个干明太鱼的时候

1 锅里放鳀鱼汤材料，倒水煮。煮好后捞出海带、鳀鱼、洋葱再煮5~10分钟左右后用筛子过滤，只留下汤。

2 干明太鱼用布包上一段时间后剥去皮和骨头，然后撕成3cm长并抹上调料。

3 将2的明太鱼抹上白面，然后用蛋液泡一下，放进煮开的汤里。

4 开锅时放葱花后再煮一下。

用明太鱼丝的时候

1 和用整个干明太鱼做汤方法时一样。

2 明太鱼丝用水简单洗一下，挤干水放汤里一起煮。

3 放葱，摊好的鸡蛋搅一下上桌即可。

재료 🍴 4인분

북어 1마리(150g) 또는 북어채 80g
물 8컵 | 국간장 약간 | 밀가루 1큰술
달걀 1개 | 실파 4대

북어 양념

국간장 1큰술 | 참기름 1큰술
후춧가루 약간

멸치국물

국물용 멸치 10~15마리
다시마(10×10cm) 1장
양파 1/4개 | 물 4컵

만드는 법

통북어를 쓸 때

1 냄비에 멸치국물 재료를 넣고 물을 부어 끓입니다. 잘 끓으면 다시마는 건지고 멸치, 양파는 5~10분 정도 더 끓인 뒤 체에 걸러 국물만 받아냅니다.

2 북어는 젖은 천에 싸놓았다가 껍질과 뼈를 발라낸 다음, 3cm 길이로 뜯어 양념에 재어둡니다.

3 2의 북어에 밀가루를 묻힌 다음, 풀어놓은 달걀에 담갔다가 끓는 장국에 떠 넣습니다.

4 끓어오르면 어슷하게 썬 파를 넣고 한 번 더 끓입니다.

북어채를 쓸 때

1 통북어를 쓸 때와 같은 방식으로 육수를 냅니다.

2 북어채는 물에 가볍게 씻은 뒤 물기를 꼭 짜서 육수에 넣고 같이 끓입니다.

3 파를 넣고, 미리 풀어놓은 달걀을 넣어 휘휘 저어서 냅니다.

sundubu jjigae 豆腐脑汤

순두부찌개

材料 🍴 4人份

sundubu(豆腐脑)400g | jogae(蛤蜊)150g

gul(生蚝)150g | daepa(大葱)1根

ssalddeumul(淘米水)2杯

汤料

gukganjang(汤酱油)1大勺

sogeum(盐)1/2小勺

gochugalu(辣椒面)1½大勺

dajin maneul(蒜末)1大勺

chamgireum(香油)1大勺

做法

1 蛤蜊用盐水泡一下去淤泥，生蚝用淡一点的盐水冲洗后，用筛子滤水。

2 大葱洗净后斜切。

3 将汤料全部拌好。

4 为了不让锅底焦糊，石锅里抹上油后放蛤蜊肉、生蚝、再放汤料。

5 放豆腐脑后倒淘米水。待汤开锅时放大葱再煮一会儿上桌即可。

👨‍🍳小提示！

所谓淘米水就是做饭时洗米的水。淘米的时候从米里会流出类似淀粉的各种营养素，因此熬汤的时候放淘米水，会比放白水更香。洗米的时候第一遍扔掉，用第二遍淘的米水。

재료 🍴 4인분

순두부 400g | 조개 150g

굴 150g | 대파 1대 | 쌀뜨물 2컵

찌개 양념

국간장 1큰술 | 소금 1/2작은술

고춧가루 1½큰술 | 다진 마늘 1큰술

참기름 1큰술

만드는 법

1 조개는 소금물에 담가 해감을 빼고 굴은 연한 소금물에 흔들어 씻은 뒤 체에 받쳐 물기를 빼냅니다.

2 대파는 다듬어 씻어 어슷하게 썹니다.

3 찌개 양념을 모두 섞어 놓습니다.

4 밑이 눋지 않도록 뚝배기에 기름을 바른 뒤 조갯살, 굴을 넣고 찌개 양념을 얹습니다.

5 순두부를 넣고 쌀뜨물을 붓습니다. 찌개가 보글보글 끓으면 대파를 넣고 한소끔 더 끓인 뒤 상에 냅니다.

👨‍🍳Tip!

쌀뜨물이란 밥을 할 때 쌀을 씻어낸 물을 말합니다. 쌀가루에서 전분을 비롯한 각종 영양소가 흘러나오기 때문에 국을 끓일 때 맹물 대신 쌀뜨물을 쓰면 고소한 맛이 더해집니다. 쌀을 씻을 때 첫 번째 물은 씻어서 따라 버리고 두 번째로 씻은 물을 사용하세요.

eolkeun soegogiguk 辣辣的牛肉汤

얼큰쇠고기국

材料 🍴 4人份

mu(萝卜)300g | soegogisatae(牛腱子肉)200g

chamgireum(香油)1大勺

sikyongyu(食用油)1大勺

daepa(大葱)100g

cheongyanggochu(青阳辣椒)1个

gulgeungochugalu(粗辣椒面)1大勺

dajin maneul(蒜末)1小勺

mul(水)7杯 | sogeum(盐)1/2小勺

gukganjang(汤酱油)1小勺

huchugalu(胡椒粉)1/4小勺

做法

1 萝卜、牛肉切成四方形的方片。

2 大葱、青阳辣椒斜切。

3 锅里放香油和食用油先炒肉，再放萝卜稍微炒一下，然然后放粗辣椒面、蒜末炒。

4 在炒好的材料里放水、青阳辣椒煮。

5 待汤开锅的时候调成小火，将汤充分熬出味，沫要撇去。

6 萝卜熟透的时候放大葱再熬一会儿，用胡椒粉、汤酱油、盐调味。

 1  3  4  5-6

재료 🍴 4인분

무 300g | 쇠고기 사태 200g

참기름 1큰술 | 식용유 1큰술

대파 100g | 청양고추 1개

굵은 고춧가루 1큰술

다진 마늘 1작은술

물 7컵 | 소금 1/2작은술

국간장 1작은술

후춧가루 1/4작은술

만드는 법

1 무, 쇠고기는 납작한 네모 모양으로 썹니다.

2 대파, 청양고추는 어슷하게 썹니다.

3 냄비에 참기름과 식용유를 두르고 고기를 볶다가, 무를 넣어 살짝 볶은 뒤 굵은 고춧가루, 다진 마늘을 넣어 볶습니다.

4 잘 볶아진 재료에 물, 청양고추를 넣어 끓입니다.

5 국물이 끓어오르면 불을 약하게 줄여 국물이 충분히 우러나도록 하고 거품은 걷어냅니다.

6 무가 말갛게 익으면 대파를 넣고 한소끔 더 끓이고 후춧가루, 국간장, 소금으로 간을 합니다.

sagol gomtang 筛骨汤

사골곰탕

材料 🍴 4人份

soegogiyangji (牛排骨肉) 400g

sagol (筛骨) 400g | daepa (大葱) 2根

tong ma neul (整瓣蒜) 2瓣

somyeon (面) 100g

肉调料

gukganjang (汤酱油) 2大勺

sogeum (盐) 2小勺 | dajin pa (葱花) 4大勺

dajin maneul (蒜末) 2大勺

huchugalu (胡椒粉) 1小勺

chamgireum (香油) 少许

做法

1 筛骨洗净后用凉水泡上一个小时去除血水。

2 葱收拾干净后在1/2根部切细些，剩余的切成6cm长度。

3 将筛骨、大葱、整瓣蒜放进锅里，放入充分的水后，在打开锅盖的情况下煮。

4 约煮20分钟的时候调成小火，一直慢慢地将肉充分地煮烂。

5 煮的时间长些，直到熬出味后把肉捞出，汤晾凉后将油撇去。

6 牛排骨肉切成薄片，然后放葱花和蒜末、盐、胡椒粉、汤酱油、香油调料拌匀。

7 汤里放煨完料的肉，用中火煮10分钟左右。

8 用汤酱油或盐调味将味道调淡些。

9 面用沸水煮熟并用凉水冲洗，然后捞出沥水放在碗里，再放汤和汤料即可。

👨‍🍳小提示!

牛排骨肉无需另外煨料，直接放汤里吃也可以。

这么做的时候将盐和葱花另外拌一下，根据个人爱好可放可不放。

재료 🍴 4인분

쇠고기 양지 400g

사골 400g | 대파 2대

통마늘 2개 | 소면 100g

고기 양념

국간장 2큰술 | 소금 2작은술

다진 파 4큰술

다진 마늘 2큰술

후춧가루 1작은술

참기름 약간

만드는 법

1 사골은 깨끗이 씻은 뒤 찬물에 1시간 담가서 핏물을 뺍니다.

2 파는 다듬어 1/2뿌리는 작게 썰고 나머지는 6cm 길이로 큼직하게 썹니다.

3 사골, 크게 썬 파, 통마늘을 큰 냄비에 넣고 물을 충분히 부은 다음, 뚜껑을 열고 팔팔 끓입니다.

4 약 20분 끓인 후 불을 줄여서 고기가 충분히 무르게 익을 때까지 서서히 끓입니다.

5 여러 시간 끓여 국물이 우러나오면 건더기는 건져내고, 국물은 식혀서 기름을 걷어냅니다.

6 양지머리를 얇게 편육처럼 썬 다음 다진 파, 다진 마늘, 소금, 후춧가루, 국간장, 참기름으로 양념해 고루 무칩니다.

7 국물에 양념한 고기를 넣어 중불에서 10분가량 끓입니다.

8 국간장이나 소금으로 약간 싱거운 듯하게 간을 맞춥니다.

9 소면을 끓는 물에 삶아 찬물에 헹궈 건져두었다가, 물기가 빠지면 그릇에 담고 곰탕국물과 건더기를 넣어 상에 냅니다.

👨‍🍳Tip!

양지머리는 따로 양념하지 않고 그대로 썰어 국물에 말아 먹어도 됩니다. 이렇게 할 때는 소금과 잘게 썬 파를 따로 곁들여 내어서, 기호에 따라 넣어 먹도록 합니다.

dwaejigogi kimchijjigae 猪肉辣白菜汤

돼지고기김치찌개

材料

kimchi (辣白菜) 350g

dwaejigogi (猪肉) 50g

pa (葱) 10g

dajin maneul (蒜末) 1/2小勺

mul (水) 3杯

saeujeot (虾酱) 2小勺

做法

1 辣白菜把汤汁挤出去，把调料抖出，切成长度约2cm 左右待用。

2 猪肉切成大块儿，和辣白菜一起放锅里。

3 葱斜切，蒜捣碎放入。

4 倒水，放虾酱开始熬，直到辣白菜熟透为止。

재료 4인분

김치 350g | 돼지고기 50g

파 10g | 다진 마늘 1/2작은술

물 3컵 | 새우젓 2작은술

만드는 법

1 김치는 국물을 뺀 다음, 양념을 털어내고 2cm 정도의 길 이로 썰어놓습니다.

2 돼지고기는 굵게 썰어서 김치와 같이 냄비에 넣습니다.

3 파는 어슷하게 썰고 마늘은 다져서 넣습니다.

4 물을 붓고 새우젓을 넣어 김치가 잘 무를 때까지 푹 끓입 니다.

doenjangjjigae 大酱汤

된장찌개

材料

yuksu (肉汤)

mareun saeu (干虾) 2大勺 | myeolchi (鳀鱼) 2大勺

dasima (海带) 10cm | mul (水) 3杯 | 材料

配菜

aehobak (角瓜) 50g | gamja (土豆) 50g | dubu (豆腐) 80g

pyogoboseot (香菇) 2朵 | soe gogi (牛肉) 50g

cheongyanggochu (青阳辣椒) 2个 | bulgeun gochu (红辣椒) 1个

daepa (大葱) 50g | yangpa (洋葱) 50g | ggotge (花蟹) 1/2只

dajin maneul (蒜末) 1小勺 | gochujang (辣椒酱) 1小勺

doenjang (大酱) 4大勺 | cheongju (清酒) 1大勺

做法

1 角瓜去籽切成1.5cm的正方形块儿。大葱、青阳辣椒、红辣椒切成1cm长度。

2 土豆、豆腐、香菇、牛肉、洋葱切成1.5cm大小，花蟹分成大小适中的四等分。

3 锅里放凉水和海带煮沸，3分钟后捞出。接着放干鳀鱼和干虾煮5分钟左右捞出做成肉汤待用。

4 肉汤里放大酱、辣椒酱后放蒜末、角瓜、土豆、豆腐、香菇、牛肉、青阳辣椒、红辣椒、大葱、洋葱、花蟹一起煮。

5 汤开始沸腾的时候调成小火，时不时把沫撇一撇。最后放清酒再煮沸一次即可。

재료

육수 | 마른 새우 2큰술 | 멸치 2큰술 | 다시마 10cm | 물 3컵

건더기 | 애호박 50g | 감자 50g | 두부 80g | 표고버섯 2개
쇠고기 50g | 청양고추 2개 | 붉은 고추 1개 | 대파 50g | 양파 50g
꽃게 1/2마리 | 다진 마늘 1작은술 | 고추장 1작은술 | 된장 4큰술
청주 1큰술

만드는 법

1 애호박은 씨를 제거하고 1.5cm의 정육면체로 깍둑썰기를 합니다. 대파, 청양고추, 붉은 고추는 1cm 길이로 썹니다.

2 감자, 두부, 표고버섯, 쇠고기, 양파는 1.5cm 크기로 썰고, 꽃게는 한입 크기로 4등분합니다.

3 냄비에 찬물과 다시마를 넣어 끓인 다음, 3분 정도 후에 건져냅니다. 이어서 마른 멸치와 마른 새우를 넣어 5분 정도 끓인 뒤 건져내어 육수를 만듭니다.

4 육수에 된장, 고추장을 풀고 다진 마늘, 애호박, 감자, 두부, 표고버섯, 쇠고기, 청양고추, 붉은 고추, 대파, 양파, 꽃게를 넣어 끓입니다.

5 국물이 끓어오르기 시작하면 불을 약하게 줄이고 중간중간 거품을 걷어냅니다. 마지막으로 청주를 넣어 한소끔 더 끓입니다.

godeungeo kimchijjigae 青花鱼辣白菜汤

고등어김치찌개

材料

godeungeo (青花鱼) 1条

baechukimchi (辣白菜) 300g

daepa (大葱) 100g

cheongyang gochu (青阳辣椒) 3个

gulgeun gochugalu (粗辣椒面) 3大勺

dajin maneul (蒜末) 1大勺

seoltang (白糖) 1大勺

cheongju (清酒) 1大勺

huchugalu (胡椒粉) 1/4小勺

deulgireum (苏子油) 2大勺

sikyongyu (食用油) 1大勺

yuksu (肉汤)

mareun saeu (干虾) 2大勺

myeolchi (鳀鱼) 2大勺

dasima (海带) 10cm

mul (水) 4杯

做法

1 青花鱼去内脏, 切成3cm大小的块儿。

2 辣白菜抖出调料, 切成4cm长。

3 大葱和青阳辣椒斜切。

4 锅里放凉水和海带煮沸以后, 过3分钟捞出。接着放干鳀鱼和干虾煮5分钟左右捞出做成肉汤待用。

5 另一口锅放苏子油、食用油烧热后, 放辣白菜、蒜末、白糖、胡椒粉、辣椒面炒一下, 然后放肉汤用小火熬。

6 辣白菜熬得透明时放青花鱼、大葱、青阳辣椒、煮熟后放清酒再煮沸一次即可。

재료

고등어 1마리 | 배추김치 300g

대파 100g | 청양고추 3개

굵은 고춧가루 3큰술 | 다진 마늘 1큰술

설탕 1큰술 | 청주 1큰술

후춧가루 1/4작은술

들기름 2큰술 | 식용유 1큰술

육수

마른 새우 2큰술 | 멸치 2큰술

다시마 10cm | 물 4컵

만드는 법

1 고등어는 내장을 제거하고 3cm 크기로 토막을 냅니다.

2 배추김치는 양념을 털어내고 4cm 크기로 썹니다.

3 대파와 청양고추는 어슷하게 썹니다.

4 냄비에 찬물과 다시마를 넣어 끓인 다음, 3분 정도 후에 건져냅니다. 이어서 마른 멸치와 마른 새우를 넣어 5분 정도 끓인 뒤 건져내어 육수를 만듭니다.

5 다른 냄비에 들기름, 식용유를 두르고 배추김치, 다진 마늘, 설탕, 후춧가루, 고춧가루를 넣어 볶은 뒤 육수를 넣어 약한 불로 끓입니다.

6 배추김치가 투명하게 익으면 고등어, 대파, 청양고추를 넣어 끓이고, 청주를 넣어 한소끔 끓입니다.

naengi deonjangguk 荠菜大酱汤

냉이된장국

材料

naengi (荠菜) 200g

soegogi (牛肉) 50g

mosijogae (青蛤) 8个 (50g)

mul (水) 2杯 | ssalddeumul (淘米水) 3杯

doenjang (大酱) 2大勺

gochujang (辣椒酱) 1/2大勺

dajin maneul (蒜末) 1大勺

daepa (大葱) 1根

做法

1 荠菜要择好根和茎用盐水稍微焯一下用凉水漂洗后沥干水。

2 牛肉切成4cm长的细丝，大葱也切4cm长的段后切成粗丝。

3 青蛤要连贝壳一起搓洗，用盐水泡去淤泥。

4 锅里放凉水后放青蛤煮。待青蛤张嘴时捞出，汤用棉布过滤。

5 锅里放淘米水，搅入大酱和辣椒酱不让有块儿，开锅的时候放牛肉。

6 煮沸一次后放青蛤汤和荠菜、大葱、蒜、青蛤边煮边撇沫。

재료

냉이 200g

쇠고기 50g

모시조개 8개(50g)

물 2컵 | 쌀뜨물 3컵

된장 2큰술

고추장 1/2큰술

다진 마늘 1큰술

대파 1대

만드는 법

1 냉이는 뿌리와 줄기를 깨끗이 다듬어 소금물에 살짝 데친 다음 찬물에 헹구고, 물기를 꼭 짜냅니다.

2 쇠고기는 4cm 길이로 가늘게 썰고, 대파도 4cm 길이로 잘라 굵직하게 채 썹니다.

3 조개는 껍데기째 바락바락 문질러 씻고 소금물에 담가 해감을 뺍니다.

4 냄비에 찬물을 붓고 조개를 넣은 뒤 끓입니다. 조개가 입을 벌리면 조개를 건져내고 국물은 면보에 거릅니다.

5 냄비에 쌀뜨물을 붓고 된장과 고추장을 덩어리 없이 푼 다음 끓어오르면 쇠고기를 넣습니다.

6 한소끔 끓여 조개 국물과 냉이, 대파, 마늘, 조개를 넣고 거품을 건져내면서 끓입니다.

祭祀饮食
제사상과 제사 음식

韩国人为表达对祖先的尊敬和感激而祭祀。春节和中秋节这样的大节日会在早上祭祀，祖先的祭日则是在当天晚上祭祀。

祭祀用的食物称为"jesu"。祭需有米饭、打糕、煮得非常清淡的牛肉萝卜汤、各种饼、蔬菜、干鱼等，个个给起了 **me**（膳）、**pyeon**（饼）、**gaeng**（羹）、**tang**（汤）、**jok**（灸）的名字。祭祀上不用辣椒面和蒜、桃。因为辣椒面和蒜有驱鬼的古话。还有，不用没有鳞的鱼。此外每家还有各种各样的规矩。

将食物摆到祭祀桌上称为"jinseol"，跟据地区和每家规矩有所不同。但是不管谁jinseol，都有很多规矩要遵守，汉字说明如下。虽然都是难懂的话，但是了解一下总会有帮助的。

우리나라 사람들은 조상에게 존경과 감사의 마음을 표시하기 위해 제사를 지냅니다. 설과 추석 같은 큰 명절에는 아침에 차례를 지내고, 조상이 돌아가신 날에는 밤에 기제사를 지냅니다.

제사에 올리는 음식을 '제수'라고 합니다. 제수에는 밥, 떡, 맑게 끓인 쇠고기무국, 각종 전, 나물, 건어물 등이 있는데, 각각 **메, 편, 갱, 탕, 적** 등의 이름을 붙입니다. 제사에는 고춧가루와 마늘, 복숭아를 쓰지 않습니다. 고춧가루와 마늘이 귀신을 쫓는다는 옛말이 있기 때문입니다. 그리고 비늘 없는 생선은 쓰지 않습니다. 이 외에도 집집마다 여러 가지의 규칙이 있습니다.

음식을 제사상에 차리는 것을 '진설'이라고 하는데, 지역이나 집안에 따라서 규칙이 조금씩 다릅니다. 하지만 누가 진설을 하든 대부분 지키는 규칙이 있는데, 그것을 한문으로 표현하면 아래와 같습니다. 어려운 말들이지만 알아두면 도움될 일이 있을 거예요.

hongdongbaekseo （紅東白西）
红色放东边，白色放西边。

eodongyukseo （魚東肉西）
鱼放東边，肉放西边。

joapouhye （左脯右醯）
干鱼类（脯）放左边，米酒（甜酒）放右边。

dudongmiseo （頭東尾西）
放鱼的时候头朝东边尾巴朝西。

joyulisi （棗栗梨柿）
水果从西边开始按顺序放大枣、板栗、梨、柿子饼。

홍동백서 (紅東白西)
붉은색은 동쪽에 놓고 흰색은 서쪽에 놓는다.

어동육서 (魚東肉西)
생선은 동쪽에 놓고 육고기는 서쪽에 놓는다.

좌포우혜 (左脯右醯)
마른 건어물(포)은 왼쪽, 식혜(감주)는 오른쪽에 놓는다.

두동미서 (頭東尾西)
생선을 놓을 때 머리는 동쪽, 꼬리는 서쪽에 놓는다.

조율이시 (棗栗梨柿)
과일은 서쪽부터 대추, 밤, 배, 곶감 순서로 놓는다.

Teukbyeol Yori

特別料理　특별요리

bulgogi 烤牛肉

불고기

材料

sogogideungsim (牛大里脊) 500g

yangpa (洋葱) 1/2头

daepa (大葱) 30g

调料

ganjang (酱油) 6大勺

cheongju (清酒) 2大勺

seoltang (白糖) 2大勺

chamgireum (香油) 2大勺

dajin maneul (蒜末) 2大勺

ggaesogeum (芝麻盐) 2大勺

huchugalu (胡椒粉)

做法

1 把所有的调料混合做成调料酱。

2 牛肉切成薄薄的约3mm厚待用。

3 洋葱切成细丝，大葱斜切。

4 牛肉里放搅拌好的调料酱，放大葱和洋葱后搅拌。

5 用煎锅烤拌好的肉。

小提示!

虽然烤牛肉用大里脊肉好，但是太贵。去卖肉店要"烤牛肉用的"试试。因为烤牛肉调料酱非常浓，因此不必非要用价格最贵的部位。

재료

쇠고기 등심 500g

양파 1/2개 ｜ 대파 30g

양념장

간장 6큰술 ｜ 청주 2큰술

설탕 2큰술 ｜ 참기름 2큰술

다진 마늘 2큰술

깨소금 2큰술 ｜ 후춧가루

만드는 법

1 모든 양념을 혼합하여 양념장을 만듭니다.

2 쇠고기는 3mm 두께로 얇게 져며 준비합니다.

3 양파는 얇게 채 썰고 대파는 어슷하게 썹니다.

4 쇠고기에 혼합된 양념장을 넣고 대파와 양파를 넣은 다음 버무립니다.

5 팬에 양념된 고기를 굽습니다.

Tip!

불고깃거리는 등심을 써도 좋지만, 가격이 비싸지요. 정육점에서 '불고깃감'으로 달라고 해보세요. 불고기는 양념이 진하기 때문에 꼭 값비싼 최고 부위를 쓰지 않아도 됩니다.

samgyetang 参鸡汤

삼계탕

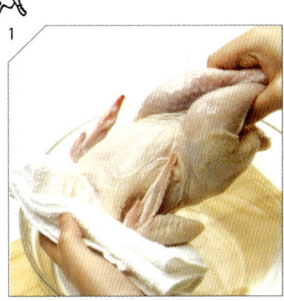

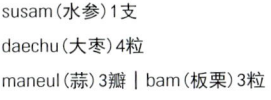

材料

yonggye（童子鸡）1只（600g）

chabssal（江米）1/2杯

mul（水）1.8L

sogeum（盐），huchugalu（胡椒粉）少许

里料

susam（水参）1支

daechu（大枣）4粒

maneul（蒜）3瓣 | bam（板栗）3粒

做法

1 童子鸡将尾巴切掉一小块儿掏出内脏，附在骨头上的血也要洗干净。

2 江米用水泡发两个小时。

3 水参洗干净，板栗剥皮。大枣也洗干净待用。

4 鸡的肚子里用江米和水参、蒜、大枣、板栗填满，然后裂开的位置用线绑上或用牙签穿上固定住。

5 锅里放收拾好的鸡倒水煮，待开锅的时候调成小火。熬到汤变白为止。

6 将线或牙签抽出，盛到碗里撒上盐、胡椒即可。

小提示!

参鸡汤是夏季伏天吃的滋补食品。在商店里会将收拾好的鸡和水参、大枣、黄芪等一起销售。

재료

영계 1마리(600g)

찹쌀 1/2컵

물 1.8L

소금, 후춧가루 약간

속재료

수삼 1뿌리

대추 4개

마늘 3쪽 | 밤 3개

만드는 법

1 영계는 꽁지 쪽을 조금 갈라서 내장을 꺼내고 뼈에 붙어 있는 피도 말끔히 씻어서 물기를 뺍니다.

2 찹쌀은 2시간 동안 물에 담가 불립니다.

3 수삼은 씻고, 밤은 껍질을 벗깁니다. 대추도 씻어둡니다.

4 닭의 뱃속에 찹쌀과 수삼, 마늘, 대추, 밤을 채운 뒤 갈라진 자리를 실로 묶거나 이쑤시개로 꿰어 고정시킵니다.

5 냄비에 손질한 닭을 넣고 물을 부어 끓이다가, 펄펄 끓어오르면 불을 약하게 줄입니다. 국물이 뽀얗게 우러날 때까지 끓입니다.

6 실이나 이쑤시개를 뽑고 그릇에 담아 소금, 후춧가루를 곁들여 상에 냅니다.

Tip!

삼계탕은 여름철 복날에 먹는 보양식입니다. 상점에서는 손질한 닭과 함께 수삼, 대추, 황기 등 따로 구입하기 번거로운 재료를 넣어서 팔기도 합니다.

kimchi jeon 辣白菜饼

김치전

材料

igeun baechu kimchi（发酵的辣白菜）250g

dalgyal（鸡蛋）1个

buchimgalu（煎粉）2杯

mul（水）1杯

kimchigukmul（辣白菜汤）1/2杯

cheongyanggochu（青阳辣椒）1个

yangpa（洋葱）1/4头

sikyongyu（食用油）| sogeum（盐）少许

做法

1 辣白菜将调料抖出，把汤挤出去后切成1cm宽的细丝。

2 辣白菜汤用筛子过滤，使汤变清。

3 洋葱切成和辣白菜一样大小，青阳辣椒剁碎。

4 大碗里放辣白菜和洋葱、辣椒、煎粉拌一下，然后倒辣白菜汤和水搅拌。

5 搅拌的时候摊鸡蛋，用盐调咸淡。

6 锅里多放些油，将和好的面一汤勺一汤勺放进去，然后前后翻着煎成黄色。可以煎成一张大的，也可煎成大小适中的几张。

小提示！

下毛毛细雨的时候，吃上一块儿辣白菜饼会很美味。煎粉面粉里添加了各种调料。如果没有煎粉也可以用面粉。

재료

익은 배추김치 250g

달걀 1개

부침가루 2컵 | 물 1컵

김치국물 1/2컵

청양고추 1개

양파 1/4개

식용유, 소금 약간

만드는 법

1 배추김치는 소를 털고 국물을 꼭 짠 뒤 사방 1cm 크기로 잘게 썹니다.

2 김치국물은 체에 걸러 맑게 준비합니다.

3 양파는 김치와 같은 크기로 곱게 썰고 청양고추는 곱게 다집니다.

4 큰 사발에 배추김치와 양파, 고추를 넣고 부침가루(밀가루)를 섞은 뒤 김치국물과 물을 부어 반죽합니다.

5 반죽에 계란을 풀어 넣고 소금 간을 합니다.

6 팬에 기름을 넉넉히 두르고 반죽을 한 국자씩 떠 넣어 앞뒤로 노릇하게 지져냅니다. 큼직하게 한 장으로 부쳐도 좋고, 한입 크기로 여러 장 부쳐도 좋습니다.

Tip!

비가 추적추적 내리는 날, 김치전 한 조각 먹으면 너무 맛있죠! 부침가루는 밀가루에 미리 여러 가지 양념을 해서 파는 가루입니다. 부침가루가 없다면 그냥 밀가루를 써도 됩니다.

haemul jeon 海鲜饼

해물파전

材料

jjokpa (小葱) 1/2捆 (250g)

gul (牡蛎) 100g

jogaesal (蛤蜊肉) 100g | honghab (贻贝) 100g

dalkyal (鸡蛋) 2个 | sikyong yu (食用油) 适量

choganjang (醋酱油)

jinganjang (浓缩酱油) 2大勺

dajin pugochu (辣椒末) 1/2大勺

dajin bulgeun gochu (红辣椒末) 1/2大勺

ggaesogeum (芝麻盐) 1/2小勺

sikcho (食醋) 1大勺

banjuk (和面)

milgalu (面粉) 2杯

chabssalgalu (江米面) 2大勺

sogeum (盐) 少许 | mul (水) 1杯

做法

1 小葱挑选个矮、粗的清洗收拾。

2 牡蛎和蛤蜊肉、贻贝用盐水泡一下，用筛子捞出沥干水后用刀切成大块儿。

3 摊好鸡蛋。

4 碗里放面粉、江米面、盐、水搅拌。

5 锅里放油，将面糊一勺一勺薄薄地铺在锅里。上面放上小葱后，按顺序放海鲜、面糊、鸡蛋。

6 慢慢煎熟。

7 和醋酱油一起端出。

재료

쪽파 1/2단(250g) | 굴 100g | 조갯살 100g

홍합 100g | 달걀 2개 | 식용유 적당량

초간장

진간장 2큰술 | 다진 풋고추 1/2큰술

다진 붉은고추 1/2큰술

깨소금 1/2작은술 | 식초 1큰술

반죽

밀가루 2컵 | 찹쌀가루 2큰술

소금 약간 | 물 1컵

만드는 법

1 쪽파는 길이가 짧고 통통한 것으로 골라 손질합니다.

2 굴, 조개, 홍합은 연한 소금물에 담갔다가 체에 건져 물기를 뺀 다음 칼로 큼직하게 썹니다.

3 달걀을 풀어놓습니다

4 사발에 밀가루, 찹쌀가루, 소금, 물을 섞어 반죽합니다.

5 팬에 기름을 두르고 반죽을 한 국자 떠 바닥에 얇게 폅니다. 그 위에 손질한 쪽파를 나란히 얹은 다음 해산물, 반죽, 달걀을 순서대로 얹습니다.

6 가볍게 지집니다.

7 초간장을 곁들여 냅니다.

dwaejigalbi jjim 炖猪排骨

돼지갈비찜

材料

dwaejigalbi（猪排骨）500g

ggaetnib（苏子叶）5片

daepa（大葱）50g

yangpa（洋葱）70g

maleun gochu（干辣椒）2个

肉调料

mul（水）3杯

ganjang（酱油）1/4杯

dajin daepa（葱花）2大勺

dajin maneul（蒜末）1大勺

huchu（胡椒）1/5小勺

cheongju（清酒）2大勺

seoltang（白糖）3大勺

mulyeot（糖稀）3大勺

saenggangjeub（姜汁）1大勺

chamgireum（香油）1大勺

bae jeub（梨汁）3大勺

재료

돼지갈비 500g ┃ 깻잎 5장

대파 50g ┃ 양파 70g ┃ 마른 고추 2개

고기 양념

물 3컵 ┃ 간장 1/4컵

다진 대파 2큰술 ┃ 다진 마늘 1큰술

후추 1/5작은술 ┃ 청주 2큰술

설탕 3큰술 ┃ 물엿 3큰술

생강즙 1큰술 ┃ 참기름 1큰술

배즙 3큰술

做法

1 猪排骨开好刀后用凉水将血水泡出。

2 用锅烧水焯一下猪排骨，使表面熟，然后用凉水冲洗。

3 重新将猪排骨放回锅里倒3杯水开始煮。

4 洋葱切丝，干辣椒、大葱斜切。苏子叶切成6等分。

5 猪排骨熟透时放酱油、大葱、蒜、胡椒、白糖、糖稀、姜汁、干辣椒、香油、梨汁继续炖。

6 排骨汤快熬干的时候放洋葱、大葱、苏子叶再炖开锅一次即可。

만드는 법

1 돼지갈비는 칼집을 넣은 뒤 찬물에 담궈 핏물을 뺍니다.

2 냄비에 물을 끓여 돼지갈비의 겉이 익을 정도로 데친 다음. 찬물에 헹굽니다.

3 다시 냄비에 돼지갈비를 담고 물 3컵을 넣어 끓입니다.

4 양파는 채를 썰고 마른 고추. 대파는 어슷하게 썹니다. 깻잎은 6등분합니다.

5 돼지갈비가 무르게 익으면 간장, 대파, 마늘, 후추, 설탕, 물엿, 생강즙, 마른 고추, 참기름, 배즙을 넣고 조립니다.

6 국물이 졸아들면 양파. 대파. 깻잎을 넣고 한소끔 더 끓입니다.

maeun soegogi galbijjim 炖辣牛排

매운쇠고기갈비찜

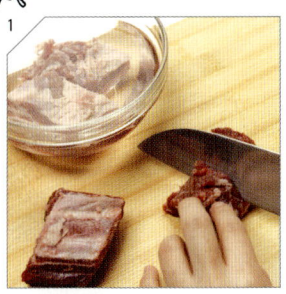

材料

sogalbi (牛排骨) 1kg

yangpa (洋葱) 1头

galaeddeok (年糕) 100g

danhobak (南瓜) 240g

cheongyanggochu (青阳辣椒) 3个

sonjil kongnamul (收拾好的黄豆芽) 750g

paengiboseot (金针菇) 1袋

调料材料

mul (水) 或yuksu (肉汤) 5杯

gochujang (辣椒酱) 100g

maeun gochu (辣的辣椒面) 5g

mareun gochu (干辣椒) 2个

ganjang (酱油) 2大勺

milim (美林) 2大勺

chamgireum (香油) 1大勺

meulyeot (糖稀) 2大勺

dajin maneul (蒜末) 2大勺

huchugalu (胡椒粉) 1/2小勺

做法

1 排骨开好刀后用凉水将血水泡出。

2 锅里水开的时候将排骨放进去，焯到表面熟为止，然后用凉水清洗。

3 水放到淹没排骨。

4 排骨熟透的时候放入所有调料继续炖。

5 南瓜去皮切成适当大小，黄豆芽去掉头和须，青阳辣椒斜切，洋葱切丝。

6 调料全部渗到排骨里的时候放南瓜、黄豆芽、青阳辣椒、年糕、洋葱搅拌、熟了以后放入金针菇关火。

재료

소갈비 1kg | 양파 1개 | 가래떡 100g
단호박 240g | 청양고추 3개
손질한 콩나물 750g | 팽이 1봉지

양념장

물 (육수) 5컵 | 고추장 100g
매운 고추 간 것 5g | 마른 고추 2개
간장 2큰술 | 미림 2큰술
참기름 1큰술 | 물엿 2큰술
다진 마늘 2큰술 | 후추 1/2작은술

만드는 법

1 갈비는 칼집을 넣어 찬물에 담궈 핏물을 뺍니다.

2 냄비에 물이 끓으면 갈비를 넣고 갈비의 표면이 익을 정도로 데친 다음 찬물에 헹굽니다.

3 끓는 물을 잠길 정도로 넣고 끓입니다.

4 갈비가 무르게 익으면 양념장 재료를 모두 넣고 졸입니다.

5 단호박은 껍질을 제거해 한입 크기로 썰고, 콩나물은 머리와 꼬리를 손질해놓고, 청양고추는 어슷 썰고, 양파는 채 썹니다.

6 갈비에 양념장이 잘 어우러지면 단호박, 콩나물, 청양고추, 가래떡, 양파를 넣고 잘 버무려 익힌 후 팽이버섯을 넣고 불을 끕니다.

1

2

4

5

6

galbi jjim 炖排骨

갈비찜

材料

galbi (排骨) 600g | mul (水) 4杯

mu (萝卜) 1/5根 (300g)

danggeun (胡萝卜) 2/3根 (100g)

pyogoboseot (香菇) 5朵 | bam (板栗) 5粒

daechu (大枣) 5粒 | eunhaeng (银杏) 10粒

dalgyal (鸡蛋) 1个 | saenggang (生姜) 1块儿

jat (松籽) 少许

调料酱

bae jeub (梨汁) 6大勺

seoltang (白糖) 3大勺

jinganjang (浓缩酱油) 6大勺

dajin pa (葱花) 2大勺

dajin maneul (蒜末) 1大勺

chamgireum (香油) 1大勺

ggaesogeum (芝麻盐) 少许

huchugalu (胡椒粉) 少许

做法

1 用凉水把血水泡出的排骨去油、开好刀放进沸腾的水里焯一下。

2 萝卜和胡萝卜切成板栗大小后剔角。

3 香菇用水泡好，去蒂切成两半。

4 鸡蛋将黄白分开煎熟后切成菱形。

5 调料酱里放排骨、萝卜、胡萝卜、香菇煨30分钟后放锅里，倒水（或者肉汤）至将材料淹没，然后开始用中火煮。

6 汤熬到一半的时候放大枣、银杏、生姜和剩余的调料，上下翻一下，将料搅拌均匀，时不时浇一浇调料汤，使排骨有光泽。

7 汤快熬干的时候盛到碗里，上面放上蛋丝和松籽。

👨‍🍳小提示!

要想做好炖排骨，需将剁成块儿的排骨洗完用水泡30分钟左右去除血水。用沸腾的水在打开盖子的情况下，将肉腥味煮没然后再烹饪。

萝卜切大点不腻，还会有很爽的味道。放调料炖的时候放一块儿姜味道会更鲜美。

재료

갈비 600g | 물 4컵 | 무 1/5개(300g)

당근 2/3개(100g) | 표고버섯 5장

밤 5개 | 대추 5개 | 은행 10알

달걀 1개 | 생강 1쪽 | 잣 약간

양념장

배즙 6큰술 | 설탕 3큰술

진간장 6큰술 | 다진 파 2큰술

다진 마늘 1큰술 | 참기름 1큰술

깨소금 약간 | 후춧가루 약간

만드는 법

1 찬물에 담가 핏물을 뺀 갈비를 기름기를 제거하고 칼집을 넣어 끓는 물에 데칩니다.

2 무와 당근은 밤톨 크기로 썰어 모서리를 깎습니다.

3 표고버섯은 물에 불려 기둥을 떼고 반으로 가릅니다.

4 달걀은 황백을 분리하여 지단을 부쳐 마름모 모양으로 썹니다.

5 양념장에 갈비, 무, 당근, 표고를 넣어 약 30분 정도 재웠다가 냄비에 옮겨 담고, 물(또는 육수)을 재료가 잠길 정도로 붓고 중간 불에서 끓입니다.

6 국물이 반 정도 줄어들면 대추, 은행을 넣고 생강과 나머지 양념장을 넣어 위아래를 섞어 골고루 간이 들도록 하고 중간중간에 양념장을 끼얹어 윤기를 냅니다.

7 국물이 자작해지면 그릇에 담고 위에 지단과 잣을 고명으로 얹어냅니다.

👨‍🍳Tip!

갈비찜을 맛있게 하려면 토막 낸 갈비를 씻은 뒤 30분 정도 물에 담가 핏물을 뺀다. 팔팔 끓는 물에 뚜껑을 열고 삶아 누린내를 뺀 다음 조리한다. 무를 큼직하게 썰어 넣으면 느끼하지 않고 시원한 맛을 낼 수 있다. 양념장을 넣고 조릴 때 생강 한 쪽을 넣으면 맛이 산뜻해진다.

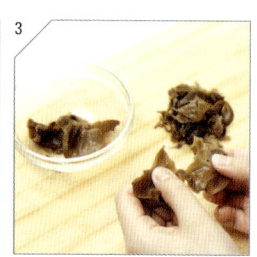

buchu jabchae 韭菜杂菜

부추잡채

材料

buchu (韭菜) 80g｜yangpa (洋葱) 50g

danggeun (胡萝卜) 50g｜soegogi (牛肉) 100g

pyogoboseot (香菇) 3朵

mogiboseot (木耳) 3朵

dalgyal (鸡蛋) 1个｜dangmyeon (粉条) 120g

材料调料

jinganjang (浓缩酱油) 2大勺

seoltang (白糖) 2大勺

chamgireum (香油) 1大勺

dajin maneul (蒜末) 1小勺

huchugalu (胡椒面) 1/5小勺

chamggae (芝麻) 1小勺

sikyongyu (食用油) 适量｜sogeum (盐) 少许

肉调料

jinganjang (浓缩酱油) 1大勺

seoltang (白糖) 1/2大勺｜dajin pa (葱花) 2小勺

dajin maneul (蒜末) 1小勺

chamgireum (香油) 1/2小勺

ggaesogeum (芝麻盐) 1/2小勺

cheongju (清酒) 1小勺

做法

1　韭菜切成5cm长, 洋葱、胡萝卜切丝。

2　牛肉顺丝切后放肉调料酱炒熟。

3　香菇、木耳用水泡并收拾干净, 香菇切丝, 木耳用手撕后待用。

4　鸡蛋将黄白分开煎、然后切成5cm长的丝。

5　韭菜、洋葱、胡萝卜、香菇、木耳用盐调味分别炒一下。

6　粉条用热水煮完以后再用凉水冲洗沥干水, 倒进平锅里放调料炒一下。

7　将准备好的材料拌匀盛到盘子里、然后将切成丝的蛋丝放上面即可。

🧑‍🍳小提示!

听说过黄白蛋丝或鸡蛋丝吧? 指的是将鸡蛋清和黄分开、薄薄的铺在平锅里煎、然后切成的丝。若形状总是不满意的话, 可在蛋清和蛋黄里掺些绿豆淀粉。还有, 用小火慢慢煎熟, 颜色才会好看。

재료

부추 80g｜양파 50g｜당근 50g

쇠고기 100g｜표고버섯 3장

목이버섯 3장｜달걀 1개｜당면 120g

양념장

진간장 2큰술｜설탕 2큰술

참기름 1큰술｜다진 마늘 1작은술

후춧가루 1/5작은술｜참깨 1작은술

식용유 적당량｜소금 약간

고기 양념

진간장 1큰술｜설탕 1/2큰술

다진 파 2작은술｜다진 마늘 1작은술

참기름 1/2작은술

깨소금 1/2작은술｜청주 1작은술

만드는 법

1　부추는 5cm 길이로 자르고, 양파와 당근은 채 썹니다.

2　쇠고기는 결 방향으로 곱게 채 썰어 고기 양념을 넣어 볶습니다.

3　표고버섯, 목이버섯은 물에 불려 깨끗이 손질하여 표고는 채 썰고, 목이버섯은 손으로 찢어둡니다.

4　달걀은 황백으로 나누어 지단을 얇게 부쳐 5cm 길이로 채 썹니다.

5　부추, 양파, 당근, 표고버섯, 목이버섯을 소금으로 간을 하여 각각 볶습니다.

6　당면은 끓는 물에 삶아 찬물에 헹구어 건져서 물기를 빼고 팬에 넣은 후, 양념장을 넣어 함께 볶습니다.

7　준비된 재료를 섞어 그릇에 담고 채 썬 지단을 올려냅니다.

🧑‍🍳Tip!

황백 지단 또는 계란 지단이라는 말 많이 들어보셨죠? 계란 흰자와 노른자를 나누어, 프라이팬에 종잇장처럼 얇게 부친 후 예쁘게 썰어내는 것을 말합니다. 좀처럼 모양이 잘 잡히지 않는다면, 흰자/노른자 물에다가 녹말물을 조금 섞어주세요. 그리고 약한 불로 살살 익혀야 색깔이 예쁘게 나요.

各种天气时的食物

起沙尘暴的天气，吃灰的那天 "samgyeobsal (五花肉)"

春季沙尘暴严重的时候、大清扫或搬家的时候，因为吃了很多灰，嗓子眼儿发干所以吃烤五花肉。据说猪肥肉有清理细微粉尘的功效。过去吸大量煤尘的矿夫们最喜欢吃。事实上因为韩国人都喜欢吃五花肉，因此现在是想吃的时候就吃，但是特别是沙尘暴严重的天气，请一定要烤烤五花肉吃。

烈日炎炎的夏天 "naengmyeon (冷面)" 和 "kongguksu (黄豆面条)"

因炎热气喘呼呼，胸闷的时候，一碗冰凉的 "naengmyeon" 最受欢迎了。特别是大夏天，吃用冰凉的汤泡的平阳式水冷面最清爽。只要是韩国人没有不喜欢的。"kongguksu" 和 naengmyeon 非常类似，不同点是用白又香的黄豆汤代替冷面汤吃。这香醇的味道能赶走夏天的炎热。

下雨天 "pajeon (葱饼)" 加 "makgeolri (稠酒)"

下雨阴冷的天气吃 "pajeon" 比较合适。看着平底锅食用油上吱吱熟着的 "pajeon"（请参考120页），就会想喝一杯稠酒。除了葱饼，把绿豆磨碎用猪肥肉煎的 "bindaeddeok"；将辣白菜剁碎煎的 "kimchi jeon"（请参考118页）；用新鲜韭菜做出来的香喷喷的 "buchujeon" 等都很好。

kim bap | 김밥

孩子们郊游时的盒饭 "kimbap (紫菜包饭)"

问起大人们学生时代的回忆，忘不掉的就是郊游，还有郊游那天吃过的 "kim bap"（请参考138页）。即使近来饮食更为丰富，但很多人仍不能忘记 "kim bap"。宽宽的紫菜上面铺上米饭，放上各种好吃的材料卷着吃的kim bap！孩子们郊游的时候千万不要忘记做 "kim bap" 呦。

过生日的时候 "keik (蛋糕)" 和 "miyeokguk (海菜汤)"

祝你生日快乐～祝你生日快乐～这些都是和生日歌一起想起的食物。那就是 "saengilkeik"。插上和岁数一样的蜡烛，拍着手掌唱完歌后，深深一口气一次把蜡烛吹灭。如果说每个国家的人过生日的时候都吃生日蛋糕的话，那么韩国人过生日时特有的食物就是 "miyeokguk"（请参考92页）。海菜汤本来是产妇生孩子后吃的食物，但在过生日的时候也吃。俗称生日那天为 "gwi bba jin nal"（掉耳朵日）。

最好吃的 "hae jang guk"(醒酒汤) 是？

酒喝多的第二天，什么食物最好呢？又能安慰因为酒筋疲力尽的肝，又能解除烧心的最好饮食就是 "hae jang guk"。醒酒汤不要太刺激，最好是清淡的。虽然每个人的喜好不同，但是最受欢迎的是 "kongnamulguk (黄豆芽汤)"、"bukeoguk (干明太鱼汤)"、"soenjiguk (牛血汤)"、"silegiguk (干菜汤)" 等。"jaecheobguk (蚬子汤)" 或 "kimchiguk (辣白菜汤)"、"dongtaetang (鳕鱼汤)" 这类食物也很受欢迎。

이런 날은 이런 음식

황사가 이는 날, 먼지 마신 날은 삼겹살

봄철에 황사가 심한 날, 대청소나 이사를 한 날, 기타 먼지를 많이 마셔서 목이 칼칼한 날에는 '삼겹살' 구이를 먹습니다. 돼지 비계에는 미세 먼지를 씻어주는 효능이 있다고 합니다. 옛날에는 광산에서 탄가루를 많이 마시는 광부들이 즐겨 먹었다고 합니다. 사실 전국민이 삼겹살을 다 좋아해서 이런저런 날 가리지 않고 먹지만, 특히 황사가 심한 날에는 삼겹살을 구워보세요.

땡볕이 쨍쨍한 여름날에는 냉면과 콩국수

무더위 때문에 숨이 턱턱 막히고 가슴이 답답한 날에는 차가운 '냉면'이 가장 인기 있습니다. 특히 한여름에는 차가운 육수에 말아 먹는 평양식 물냉면이 제격입니다. 우리나라 사람이라면 싫어하는 사람이 없는 음식이지요. '콩국수'는 냉면의 사촌입니다. 육수 대신에 하얗고 고소한 콩물을 끼얹어서 먹습니다. 고소한 맛이 여름 더위를 싹 날려줍니다.

비오는 날에는 파전에 막걸리

비가 내리고 으슬으슬 추운 날씨에는 '파전'(120쪽 참조)이 어울립니다. 프라이팬 위의 식용유 위에서 자글자글 익어가는 파전을 바라보다보면, 막걸리 한잔이 간절해지죠. 파전 이외에도 녹두를 갈아 돼지비계로 지진 '빈대떡', 김치를 쏭쏭 썰어 넣은 '김치전'(118쪽 참조), 싱싱한 부추로 만들어 향긋한 '부추전' 등도 좋아요.

아이의 소풍 도시락은 김밥

어른들의 학창 시절 추억을 물어보면 빠지지 않는 것이 소풍날, 그리고 소풍날 먹었던 '김밥'(138쪽 참조)입니다. 그리고 요즘처럼 먹을거리가 많은 시대에도 소풍날만큼은 김밥입니다. 널찍한 김 위에 밥을 깔고 이런저런 맛있는 재료를 얹어서 돌돌 말아 먹는 김밥! 아이들의 소풍날에는 빠뜨리지 마세요.

생일에는 케이크와 미역국

생일 축하합니다~ 생일 축하합니다~ 생일 노래와 함께 떠오르는 음식들이 있지요. 바로 '생일 케이크'입니다. 나이 숫자만큼의 초를 켜고 박수를 치며 노래를 부른 뒤, 긴 숨 한 번으로 촛불을 끄지요. 생일 케이크가 만국 공통이라면, 한국 고유의 음식은 '미역국'(92쪽 참조)입니다. 미역국은 원래 산모가 아이를 낳고 먹는 음식인데, 생일에도 먹어요. 흔히 생일을 '귀 빠진 날'이라고도 하지요.

가장 맛있는 해장국은?

술을 많이 마신 다음 날에는 어떤 음식이 좋을까요? 술 때문에 지친 간을 보살펴주면서, 쓰린 속도 달래주는 '해장국'이 제격입니다. 해장국은 너무 자극적이지 않고 담백한 것이 좋아요. 사람마다 취향은 다르지만, 가장 인기 있는 것은 '콩나물국', '북엇국', '선짓국', '시래깃국' 등 입니다. '재첩국'이나 '김칫국', '동태탕' 같은 음식도 인기 있지요.

kimchi jeon | 김치전

soegogi miyeokkuk | 미역국

Gansik/Teukbyeolsik

零食/特別餐 간식/특별식

saeksaek jumeokbap 彩色饭团

색색주먹밥

材料

bap (米饭) 2碗

haem (火腿肠) 30g

oi (黄瓜) 1/2根

danggeun (胡萝卜) 1/3根

dalgyal (鸡蛋) 1个

sogeum (盐) · sikyongyu (食用油) 少许

guunkim (烤紫菜) 1片

jan myeolchi (小鳀鱼) 半杯

ganjang (酱油) 1大勺

seoltang (白糖) 1/2小勺

做法

1 火腿肠、黄瓜、胡萝卜切细用盐调味然后在煎锅中放食用油，分别炒熟。

2 鸡蛋煮熟后将蛋黄用筛子做成面状。

3 煎锅放油先炒一下小鳀鱼，待小鳀鱼变成黄色的时候关火，然后放酱油和白糖拌匀。

4 将烤紫菜揉成碎末后和炒小鳀鱼一起拌好。

5 米饭分成四等分，将准备好的材料放进去搅拌均匀，并团成大小适中的饭团。

재료

밥 2공기 | 햄 30g

오이 1/2개 | 당근 1/3개

달걀 1개 | 소금, 식용유 약간씩

구운 김 1장 | 잔멸치 반 컵

간장 1큰술 | 설탕 1/2작은술

만드는 법

1 햄, 오이, 당근은 잘게 썰어 소금으로 간한 뒤 식용유를 두른 프라이팬에 각각 볶습니다.

2 달걀은 삶은 뒤 노른자는 체에 내려 가루를 만듭니다.

3 팬에 식용유를 두르고 잔멸치를 볶다가 멸치가 노릇해지면 불을 끄고 간장과 설탕을 섞습니다.

4 구운 김은 잘게 부숴 잔멸치볶음과 섞습니다.

5 밥을 4등분해 각각 준비한 재료를 넣어 고루 섞은 다음 한입 크기로 뭉쳐 주먹밥을 만듭니다.

jan myeolchi jumeokbap 小鳀鱼饭团

잔멸치주먹밥

材料

jan myeolchi (小鳀鱼) 1杯

sikyongyu (食用油) 1大勺

ganjang (酱油) 2小勺

seoltang (白糖) 1小勺

kim (紫菜) 4张 | bap (饭) 4碗

ggaesogeum (芝麻盐) 2大勺

chamgireum (香油) 少许

做法

1 煎锅里放油，先炒小鳀鱼，待小鳀鱼变黄时关火，然后放酱油和白糖拌匀。

2 紫菜用小火稍微烤一下并揉成碎末。

3 将米饭和炒小鳀鱼、紫菜粉、芝麻盐、香油拌匀后分成8份团成圆形。

재료

잔멸치 1컵 | 식용유 1큰술

간장 2작은술 | 설탕 1작은술

김 4장 | 밥 4공기

깨소금 2큰술 | 참기름 약간

만드는 법

1 팬에 식용유를 두르고 잔멸치를 볶다가 멸치가 노릇해지면 불을 끄고 간장과 설탕을 섞습니다.

2 김은 약한 불에서 살짝 구운 뒤 잘게 부숩니다.

3 밥과 잔멸치볶음, 김가루, 깨소금, 참기름을 고루 섞은 뒤 8개 분량으로 나눠 동글게 빚습니다.

kim bap 紫菜包饭

김밥

材料

sigeumchi (菠菜) 200g | ueong (牛蒡) 100g

soegogi (牛肉) 100g | danggeun (胡萝卜) 1根

dalgyal (鸡蛋) 3个 | sikcho (食醋) 1/2大勺

sogeum (盐)， sikyongyu (食用油) 少许

danmuji (甜萝卜) 150g | kim (紫菜) 5张

bap (米饭) 5碗

sigeumchi yangnyeom (菠菜调料)

chamgireum (香油) 1小勺 | sogeum (盐) 1/2小勺

ueong yangnyeom (牛蒡调料)

mul (水) 2杯

seoltang (白糖) 2小勺 | ganjang (酱油) 2大勺

cheongju (清酒) 1大勺 | mulyeot (糖稀) 1/2大勺

gogi yangnyeom (肉调料)

ganjang (酱油) 1/2大勺

seoltang (白糖)， dajin maneul (蒜末)，

ggaesogeum (芝麻盐)， chamgireum (香油) 各1/2小勺

huchugalu (胡椒粉) 少许

bap yangnyeom (米饭调料)

sogeum (盐) 1小勺

chamgireum (香油) 1大勺

做法

1 菠菜用放盐的开水稍微焯一下用凉水冲洗挤干，然后放菠菜调料拌一下。

2 牛蒡切丝用放有食醋的水焯一下，然后放牛蒡调料煮。

3 牛肉切成长丝用肉调料拌完，然后煎锅放油炒熟。

4 鸡蛋打散放盐调味，然后煎锅放油用小火煎熟。晾凉后切成0.8cm宽。

5 胡萝卜切成长条用盐调味，煎锅里放油炒一下。

6 甜萝卜切成0.8cm宽。

7 蒸熟的饭里放盐和香油拌匀。

8 卷帘上放紫菜后铺上拌好的米饭，将准备好的材料放上去卷起来，然后切成大小适中的小块儿。

재료

시금치 200g | 우엉 100g

쇠고기 100g | 당근 1개

달걀 3개 | 식초 1/2큰술

소금. 식용유 약간 | 단무지 150g

김 5장 | 밥 5공기

시금치 양념

참기름 1작은술 | 소금 1/2작은술

우엉 양념

물 2컵 | 설탕 2작은술

간장 2큰술 | 청주 1큰술

물엿 1/2큰술

쇠고기 양념

간장 1/2큰술 | 후춧가루 약간

설탕. 다진 마늘 1/2작은술씩

깨소금. 참기름 1/2작은술씩

밥 양념

소금 1작은술 | 참기름 1큰술

만드는 법

1 시금치는 끓는 물에 소금을 넣고 살짝 데쳐 찬물에 헹궈 꼭 짠 다음 시금치 양념을 넣어 조물조물 무칩니다.

2 우엉은 곱게 채 썰어 식초를 넣은 물에 데친 후 우엉 양념을 넣어 조립니다.

3 쇠고기는 길게 채 썰어 쇠고기 양념으로 간한 뒤 팬에 식용유를 두르고 볶습니다.

4 달걀은 풀어 소금으로 간한 뒤 식용유를 두른 팬에서 약한 불로 익힙니다. 식은 후 0.8cm 두께로 길게 자릅니다.

5 당근은 곱게 채 썰어 소금으로 간한 다음 식용유를 두른 팬에 볶습니다.

6 단무지는 0.8cm 두께로 길게 자릅니다.

7 고슬하게 지어놓은 밥에 소금과 참기름을 넣어 고루 섞습니다.

8 김발 위에 김을 올리고 밑간을 한 밥을 얇게 깝니다. 준비한 재료를 올려 동그랗게 만 후 먹기 좋은 크기로 썹니다.

材料

huin ddeok (白年糕) 500g

dajin maneul (蒜末) 1/2大勺

soegogi (牛肉 (牛臀)) 100g

dalgyal (鸡蛋) 2个

huchugalu (胡椒粉) 少许

soe gogi yuk su (牛肉汤) 8杯

soegogi (牛肉 (牛排骨肉)) 200g

mul (水) 10杯

gukganjang (汤酱油) 2大勺

sogeum (盐) 少许

gogi yangnyeom (肉调料)

jinganjang (浓缩酱油) 1大勺

seoltang (白糖) 1/2大勺

dajin pa (葱花) 1小勺

dajin maneul (蒜末) 1/2小勺

ggaesogeum (芝麻盐) 1/2小勺

chamgireum (香油) 1小勺

做法

1 将牛排骨煮透做做肉汤待用。

2 肉汤用汤酱油和盐调好味儿, 放葱丝和蒜末煮。

3 煮熟的肉先切丝再切成肉末后放肉调料炒一下待用。

4 汤开锅的时候放年糕。年糕浮上来熟了的时候, 放之前打散的鸡蛋搅一搅后立刻从火上拿下来。

5 用碗盛上年糕汤, 上面放上肉末, 撒上胡椒粉即可。

🍳 小提示!

也可以将鸡蛋分成蛋清和蛋黄煎蛋丝放在上面。

재료

흰떡 500g | 다진 마늘 1/2큰술

쇠고기(우둔) 100g | 달걀 2개

후춧가루 약간

쇠고기육수 8컵

쇠고기(양지) 200g | 물 10컵

국간장 2큰술 | 소금 약간

고기 양념

진간장 1큰술 | 설탕 1/2큰술

다진 파 1작은술 | 다진 마늘 1/2작은술

깨소금 1/2작은술 | 참기름 1작은술

만드는 법

1 양지머리를 푹 고아서 육수를 준비합니다.

2 육수를 국간장과 소금으로 간을 맞추고, 채 썬 파와 다진 마늘을 넣어 펄펄 끓입니다.

3 삶은 고기는 채 썰거나 잘게 다진 뒤 고기 양념을 넣고 볶아둡니다.

4 끓는 장국에 떡을 넣습니다. 떡이 떠오르고 부드럽게 익으면 미리 풀어놓은 달걀을 넣고 휘휘 저은 후 바로 불에서 내립니다.

5 그릇에 떡국을 담고 위에 다진 고기를 고명으로 얹고 후춧가루를 뿌려 상에 냅니다.

🍳 Tip!

달걀은 흰자와 노른자를 따로 지단으로 부쳐서 고명으로 얹어도 좋습니다.

ddeokbboggi 炒年糕

떡볶이

材料
ddeok (年糕) 400g
yangbaechu (洋白菜) 100g
yangpa (洋葱) 1头
danggeun (胡萝卜) 50g
daepa (大葱) 1/2根
eomuk (鱼丸) 100g

调料
gochujang (辣椒酱) 4大勺
gochugalu (辣椒面) 1大勺
seoltang (白糖) 1大勺
mul (水) 4杯
sogeum (盐) 少许

做法
1 年糕成团的要一个一个撕开。如果太硬用热水焯一下。
2 蔬菜和鱼丸切成大小适中。
3 用一部分材料做辣椒酱汁。喜欢再辣一点时，可加辣椒面。
4 煎锅里放调料酱和年糕一起炒。
5 年糕熟到一定程度的时候，放收拾干净的洋白菜、胡萝卜、大葱和鱼丸后煮开锅一次即可。

재료
가래떡 400g | 양배추 100g
양파 1개 | 당근 50g
대파 1/2개 | 어묵 100g

양념장
고추장 4큰술 | 고춧가루 1큰술
설탕 1큰술 | 물 4컵 | 소금 조금

만드는 법
1 가래떡은 하나씩 떼어놓습니다. 떡이 너무 굳어 있다면 더운물에 살짝 데쳐냅니다.
2 채소와 어묵은 한입 크기로 썰어놓습니다.
3 양념장 재료로 고추장 양념을 만듭니다. 좀 더 매운맛을 원하면 고춧가루를 추가합니다.
4 프라이팬에 양념장과 떡을 넣어 볶습니다.
5 떡이 어느 정도 익으면 손질해둔 양배추. 당근. 대파와 어묵을 넣어 한소끔 끓입니다.

gamja saendwichi 土豆三明治

감자샌드위치

材料

sikbbang（面包片）4片 ｜ beoteo（黄油）1大勺

gamja（土豆）2个 ｜ mayonez（蛋黄酱）1大勺

ddalgijjaem（草莓酱）3大勺

做法

1 土豆煮熟剥皮捣碎后加蛋黄酱搅拌。

2 面包用煎锅稍微烤一下，一面抹上奶油。

3 面包另一面厚厚地抹上捣碎的土豆，剩余的一面抹上草莓酱。

4 将面包相互贴上，然后用刀切去边即可。

小提示！

使用做三明治的方法可轻松做出很多东西。

鸡蛋沙拉三明治：鸡蛋煮熟捣碎、一个鸡蛋放一大勺蛋黄酱拌匀，再放黄瓜、胡萝卜等蔬菜拌匀后抹在面包中间。

王土司：洋白菜和胡萝卜切丝，用鸡蛋搅拌后煎成厚厚的饼。平锅里多放些黄油烤面包，然后在面包中间夹上鸡蛋饼撒上白糖和番茄酱就成了老式土司了。

 1

 2

 3

 4

재료

식빵 4장 ｜ 버터 1큰술

감자 2개 ｜ 마요네즈 1큰술

딸기쨈 3큰술

만드는 법

1 감자는 삶아서 껍질을 벗기고 으깬 다음 마요네즈를 넣어 섞습니다.

2 식빵은 팬에 살짝 구운 뒤 한쪽에 버터를 바릅니다.

3 식빵 한쪽에는 으깬 감자를 두툼하게 바르고, 나머지 한쪽에는 딸기쨈을 바릅니다.

4 식빵을 서로 붙인 다음 칼로 모서리를 자르면 완성입니다.

Tip!

샌드위치 만드는 법은 조금만 응용하면 간단하게 여러 가지를 만들 수 있어요.

에그샐러드샌드위치 계란을 삶아서 으깨고 계란 1개당 마요네즈 1큰술을 오이, 당근 등의 야채와 함께 섞어 빵 사이에 바릅니다.

왕토스트 양배추와 당근을 채 썰고 계란물에 섞은 뒤 두툼하게 전을 부칩니다. 프라이팬에 마가린을 듬뿍 두르고 빵을 구운 후, 빵 사이에 부쳐놓은 계란전을 끼우고 설탕과 케첩을 뿌리면 됩니다.

songpyeon 松饼

송편

材料

ssalgalu (大米面) 10杯 | dechin ssuk (焯艾蒿) 50g

ggeulleun mul (开水) 2/3杯

sogeom (盐) 1大勺

chamgireum (香油)，solrib (松叶) 少许

nokdu so (绿豆馅)

geopinokdu (去皮的绿豆) 1杯

sogeum (盐) 1/2小勺 | seoltang (白糖) 1大勺

ggae so (芝麻馅)

ggaesogeum (芝麻盐) 1/2杯

sogeum (盐) 1/4小勺

seoltang (白糖) 1大勺 | ggul (蜂蜜) 少许

bam so (板栗馅)

bam (板栗) 8粒 | seoltang (白糖) 1/2大勺

gyepigalu (桂皮粉) 少许

kong so (豆馅)

puleudaekong (青豆) 1/2杯

sogeum (盐) 1/2小勺 | seoltang (白糖) 1大勺

做法

1 大米饭分成两等分，其中一半掺入焯好的艾蒿面。倒热水分别和白米面、艾蒿面。

2 绿豆用水泡开去皮，用蒸笼蒸熟以后捣碎。

3 芝麻炒熟后加蜂蜜、白糖、盐调味。

4 板栗剥皮煮熟，趁热捣碎，加白糖和桂皮粉。

5 豆煮熟掺盐、白糖。

6 将和好的白面和艾蒿面揪出板栗大小揉成圆形的剂子。

7 剂子里放各种馅后，包成月牙形状。

8 笼屉或蒸笼里铺好洗干净的松叶，上面放松饼蒸。

9 待饼熟了以后从笼屉里拿出，放到凉水里，再赶快捞出，放在蒲篮里抹上香油慢慢晾凉。

👨‍🍳 小提示！

通常和白面用凉水。但是因为大米面黏性较弱，用凉水和面不容易成形。所以要用热水和面。用热水和面时要倒滚烫的水，让面半熟即可。

재료

쌀가루 10컵 | 데친 쑥 50g

끓는 물 2/3컵 | 소금 1큰술

참기름. 솔잎 적당량

녹두소

거피 녹두 1컵 | 소금 1/2작은술

설탕 1큰술

깨소

깨소금 1/2컵

소금 1/4작은술

설탕 1큰술 | 꿀 약간

밤소

밤 8개 | 설탕 1/2큰술

계핏가루 약간

콩소

푸르대콩 1/2컵

소금 1/2작은술 | 설탕 1큰술

만드는 법

1 쌀가루를 2등분하여. 절반에는 데친 쑥을 빻은 것을 섞습니다. 각각 뜨거운 물을 부어 흰 떡반죽과 쑥 떡반죽을 만듭니다.

2 녹두는 물에 불리고 껍질을 벗겨. 찜통에 찐 후 으깹니다. 그런 다음 소금과 설탕을 넣습니다.

3 참깨는 볶은 후 꿀. 설탕. 소금을 넣고 간을 맞춥니다.

4 밤은 껍질을 벗긴 뒤 푹 삶아서 뜨거울 때 으깨면서 설탕과 계핏가루를 넣습니다.

5 콩은 삶아서 소금. 설탕을 섞습니다.

6 흰 떡반죽과 쑥 떡반죽을 밤톨만큼씩 떼어 동그랗게 만듭니다.

7 반죽 속에 각각의 소를 넣은 후 반달 모양으로 접어 빚습니다.

8 시루나 찜통에 깨끗이 씻은 솔잎을 깐 다음 송편을 얹어서 찝니다.

9 떡이 익으면 찜통에서 꺼내어 찬물에 넣었다가 재빨리 건진 뒤. 소쿠리에 담고 참기름을 발라 한 김 식힙니다.

🐸 Tip!

보통의 밀가루 반죽은 찬물에 합니다. 하지만 쌀가루는 점성이 약해서 찬물에 반죽을 하면 모양이 잘 잡히지 않습니다. 그래서 익반죽을 해야 합니다. 익반죽을 할 때는 펄펄 끓는 물을 부어서 가루가 반쯤 익도록 하면 됩니다.

subak hwachae 西瓜什锦

수박화채

材料

subak(西瓜)1/2个 | chamoe(甜瓜)1个
melon(哈密瓜)1/2个 | kiwi(猕猴桃)1个
boksunga(桃)1个 | ggul(蜂蜜)2~3大勺

做法

1 西瓜切成两半，然后用水果勺子挖成圆球盛好。
2 甜瓜、哈密瓜、猕猴桃、桃等其他水果也挖成圆球盛好。
3 将西瓜挖出后剩余的部分加冰块儿、蜂蜜，用榨汁机绞碎做甜茶汁。
4 将水果和冰块儿、甜茶汁倒进挖空的西瓜皮里即可。

재료

수박 1/2통 | 참외 1개
메론 1/2개 | 키위 1개
복숭아 1개 | 꿀 2~3큰술

만드는 법

1 수박은 반으로 자른 다음 화채용 수저로 동글게 떠서 담아놓습니다.
2 참외, 메론, 키위, 복숭아 등 다른 과일도 동글게 떠서 담아놓습니다.
3 수박을 떠내고 남은 부분과 얼음, 꿀을 넣고 블랜더에 갈아 화채국물을 만듭니다.
4 파내고 난 수박 통에 과일과 얼음, 화채국물을 부어 완성합니다.

准备时令饮食

韩国四季分明。春天万物萌生，夏天绿阴葱葱，秋天硕果累累。还有冬天准备新的一年。四季分明，而各季节好吃的果蔬也不同。纵然近来进口食品很多，保存技术也很发达，哪个季节都能吃到想吃的果蔬，但是还具属时令果蔬最便宜又好吃。还有等待季节的乐趣。接下来介绍一下韩国的时令水果。

春季	夏季	秋季
在万物萌生的季节，可传递葱翠春季之芬芳的蔬菜要数春菜。香气宜人的春菜拌着吃也可以，做成野菜汤喝也很好。亲手去山上或田野里采摘各种野菜会更好吃。	夏天天气炎热，很容易上火或没有食欲，但是夏季也是可吃到各种香甜可口的水果和蔬菜的季节，因此请用新鲜好吃的水果来克服夏天的酷暑。	韩国人把秋季称为"万物结实"的季节和"cheongomabi(秋高气爽)"的季节。无论是人还是动物都找回了食欲，吃得香，容易长肉的意思。

蔬菜

春季
naengi(荠菜)、dalrae(野葱)
chwinamul(马蹄叶)
dolnamul(垂盆草)、ssuk(艾蒿)
duruem(楤木)、deodoek(沙参)
juksun(竹笋)、bomdong(不结球白菜)

夏季
gaji(茄子)
putgochu(青辣椒)
aehobak(角瓜)
yeolmu(小萝卜)
oi(黄瓜)、danhobak(南瓜)

秋季
haeb ssal(新米)、ok susu(玉米)
gamja(土豆)、goguma(地瓜)
song i beo seot(松茸)
pyo go beo seot(香菇)
tolan(青芋)

水果

春季
ddalqk(草莓)
aengdu(樱桃)、zkwi(猕猴桃)
cheongpodo(青葡萄)
salgu(杏)

夏季
tomato(西红柿)
chamoe(甜瓜)、subak(西瓜)
podo(葡萄)、boksuonga(桃)
jadu(李子)、melron(哈密瓜)

秋季
daechu(大枣)
cagwa(苹果)
gam(柿子)
bae(梨)

海鲜

春季
juggumi(八爪鱼)、haesam(海参)
jogi(黄花鱼)
byeongeo(银鲳鱼)
domi(鲷鱼)、hongeo(魟鱼)

夏季
ggotge(花蟹)、mineo(黄姑鱼)
nongeo(鲈鱼)、jangeo(鳗鱼)
galchi(带鱼)

秋季
goduengeo(青花鱼)
ggongchi(秋刀鱼)
daeha(大虾)
cheongeo(青鱼)
jangeo(鳗鱼)、jeoneo(鳀鱼)

风味料理

春季风味料理
bomnamulmuchim(拌春菜)
namulguk(野菜汤)
duruebsukhoe(焯楤木芽)

夏季风味料理
kongguksu(黄豆面条)
naengmyeon(冷面)、samgyetang(参鸡汤)
jangeogui(烤鳗鱼)

秋季风味料理
haeb ssal bap(新米饭)
jeoneo gu i(烤鳀鱼)
mu saeng chae(生拌萝卜)

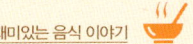

제철 음식 장만하기

우리나라는 뚜렷한 사계절을 가지고 있습니다. 봄에 만물이 싹을 틔우면 여름에는 세상이 온통 초록으로 우거지고, 가을에는 결실을 맺습니다. 그리고 겨울에는 새로운 한 해를 준비합니다. 뚜렷한 사계절에 따라 맛있는 음식도 다릅니다. 비록 최근에는 수입식품도 많고 보존기술도 발달해서 계절과 관계없이 원하는 음식을 먹을 수 있지만, 제철 음식은 제철에 먹는 것이 더 싸고 맛있습니다. 계절을 기다리는 재미도 있구요. 제철 별미를 찾아볼까요?

冬季

冰冻是下雪的季节，树叶从树上掉落，动物开始冬眠。但是反过来海鲜却籽满肥硕，是最好吃的时候。

蔬菜
baechu (白菜)、mu (萝卜)、pa (葱)
siguemchi (菠菜)
yeongeun (莲根)
ueong (牛蒡)
sanma (山药)

水果
sagwa (苹果)
gam (柿子)
gyul (桔子)
yuja (柚子)、gotgam (柿子饼)

海鲜
gul (牡蛎)
domi (鲷鱼)、daegu (鳕鱼)
myeongtae (明太鱼)
ogdom (马头鱼)
ge (螃蟹)、ggomak (泥蚶)

冬季风味料理
gimjangkimchi (过冬泡菜)
seokhwa mit jo gae yoli (牡蛎及贝类料理)

봄

새싹이 돋는 계절로서, 싱그러운 봄의 향기를 전하는 음식은 뭐니 뭐니 해도 봄나물입니다. 향기로운 봄나물은 무쳐 먹어도 좋고, 나물국으로 끓여 먹어도 좋아요. 산이나 들에서 나는 각색의 나물을 직접 뜯어 먹으면 더욱 맛있구요.

채소 냉이, 달래, 취나물, 돌나물, 쑥, 두릅, 더덕, 죽순, 봄동
과일 딸기, 앵두, 키위, 청포도, 살구
해물 주꾸미, 해삼, 조기, 병어, 도미, 홍어
봄철 별미요리 봄나물무침, 나물국, 두릅숙회

여름

날씨가 무더워지는 여름에는 짜증이 나거나 입맛 잃기 쉬워집니다. 달콤한 과일과 야채가 풍성하게 열리는 계절이니, 신선하고 맛있는 과일로 여름철 더위를 극복하세요.

채소 가지, 풋고추, 애호박, 열무, 오이, 단호박
과일 토마토, 참외, 수박, 포도, 복숭아, 자두, 멜론
해물 꽃게, 민어, 농어, 장어, 갈치
여름철 별미요리 콩국수, 냉면, 삼계탕, 장어구이

가을

만물이 결실을 맺는 계절이기도 하지만, '천고마비'의 계절이라고도 합니다. 사람이든 짐승이든 입맛이 돌아와서 맛있게 먹고 살이 찐다는 뜻입니다. 갓 수확한 곡식이 특히 맛이 좋습니다.

채소 햅쌀, 옥수수, 감자, 고구마, 송이버섯, 표고버섯, 토란
과일 대추, 사과, 감, 배
해물 고등어, 꽁치, 대하(새우), 청어, 장어, 전어
가을철 별미요리 햅쌀밥, 전어구이, 무생채

겨울

얼음이 얼고 눈이 내리는 이 계절에는 나무는 잎을 떨구고 동물은 겨울잠에 들어갑니다. 반면에 해물은 알이 차고 살이 올라 가장 맛이 있을 때입니다.

채소 배추, 무, 파, 시금치, 연근, 우엉, 산마
과일 사과, 감, 귤, 유자, 곶감
해물 굴, 도미, 대구, 명태, 옥돔, 게, 꼬막
겨울철 별미요리 김장김치, 석화 및 조개 요리

Silyongjeongbo

实用信息 실용정보

通过美食学习韩国语
음식으로 배우는 우리말

全国多文化家庭支援中心联系电话
전국 다문화가족 지원센터 연락처

主要团体信息
주요 단체 정보

通过美食学习韩国语

韩国语标记	读法	意义
곡식	gok sik	谷类
쌀	ssal	大米
찹쌀	chab ssal	江米，糯米
현미	hyeon mi	糙米
완두콩	wan du kong	豌豆
강낭콩	gang nang kong	油豆角
흰콩	huin kong	黄豆
팥	pa	小豆
좁쌀	job ssal	小米
밀	mil	麦子
메밀	me mil	荞麦
녹두	nog du	绿豆
고기	go gi	肉类
돼지고기	dwae ji go gi	猪肉
갈비	gal bi	排骨
삼겹살	sam gyeop ssal	五花肉
비계	bi gye	肥肉
족발	jok bal	蹄子
쇠고기	soe go gi	牛肉
등심	deng sim	大里脊
안심	an sim	小里脊
양지	yang ji	牛排骨肉
닭고기	dak go gi	鸡肉
닭가슴살	dak ga seum sal	鸡胸肉
영계	yong gye	雏鸡
계란(달걀)	gye lan(dal gyal)	鸡蛋
오리고기	o li go gi	鸭肉
해물	hae mul	海鲜
고등어	go deng eo	青花鱼
삼치	sam chi	马鲛鱼

韩国语标记	读法	意义
갈치	gal chi	刀鱼
명태	myeong tae	明太鱼
대구	dae gu	鳕鱼
참치	cham chi	金枪鱼
오징어	o jing eo	鱿鱼
낙지	nak ji	章鱼
조개	jo gae	贝壳
홍합	hong hap	海红
전복	jeob bok	鲍鱼
멸치	myeol chi	鳀鱼
새우	sae u	虾
게	ge	螃蟹
다시마	da si ma	海带
미역	mi yeok	海菜
김	kim	紫菜
파래	pa lae	浒苔
야채	ya chae	蔬菜
대파	dae pa	大葱
쪽파	jjok pa	小葱
마늘	ma neul	蒜
생강	saeng gang	生姜
양파	yang pa	洋葱
무	mu	萝卜
배추	bae chu	白菜
열무	yeol mu	小萝卜
고추	go chu	辣椒
청양고추	cheong yang go chu	青阳辣椒
홍고추	hong go chu	红辣椒
풋고추	pu go chu	青辣椒
부추	bu chu	韭菜

韩国语标记	读法	意义
상추	sang chu	莴苣
미나리	mi na li	水芹
깻잎	ggae nip	苏子叶
버섯	bo seot	蘑菇
표고버섯	pyo go bo seot	香菇
송이버섯	song i bo seot	松茸
목이버섯	mo gi bo seot	木耳
고구마	go gu ma	地瓜
감자	gam ja	土豆
깨	ggae	芝麻
오이	o i	黄瓜
호박	ho bak	南瓜
시금치	si geumchi	菠菜
우엉	u eong	牛蒡
인삼	in sam	人参
대추	dae chu	大枣
밤	bam	栗子
잣	zat	松籽
호두	ho du	核桃
피망	pi mang	柿子椒
파프리카	pa peu li ka	红椒
고사리	go sa li	蕨菜
취	chwi	马蹄叶
과일	**gwa il**	**水果**
사과	sa gwa	苹果
배	bae	梨
딸기	ddal gi	草莓
귤	gyul	桔子
수박	su bak	西瓜
바나나	ba na na	香蕉

韩国语标记	读法	意义
토마토	to ma to	西红柿
자두	ja du	李子
참외	cham oe	香瓜
복숭아	bok song a	桃
키위	ki wi	猕猴桃
멜론	me lon	哈密瓜
기본 양념	**gi bon yang nyeom**	**基本调料**
간장	gan jang	酱油
진간장	jin gan jang	浓缩酱油
국간장	guk gan jang	汤酱油
된장	doen jang	大酱
고추장	go chu jang	辣椒酱
까나리액젓	gga na li aek jeot	玉筋鱼酱
새우젓	sae u jeot	虾酱
버터	beo teo	黄油
마가린	ma ga lin	人造黄油
식용유	si gyong yu	食用油
참기름	cham gi leum	芝麻油，香油
들기름	deul gi reum	苏子油
소금	so geum	盐
후추	hu chu	胡椒
조미료	jo mi lyo	味精
고춧가루	go chu ga lu	辣椒面
깨소금	gae so geum	芝麻盐
청주	cheong ju	清酒
케첩	ke chab	番茄酱
마요네즈	ma yo ne zi	蛋黄酱
쨈	jjaem	果酱
꿀	ggul	蜂蜜

韩国语标记	读法	意义
음료	eum lyo	饮料
커피	keo pi	咖啡
녹차	nok cha	绿茶
홍차	hong cha	红茶
생강차	saeng gang cha	生姜茶
유자차	yu ja cha	柚子茶
대추차	dae chu cha	大枣茶
콜라	kol ra	可乐
사이다	sa i da	汽水
주스	jyu si	果汁
가공식품	ga gong sik pum	加工食品
라면	la myeon	拉面
컵라면	kob la myeon	碗拉面
소면	so myeon	素面
당면	dang myeon	粉条
두부	du bu	豆腐
순두부	sun du bu	豆腐脑
참치캔	cham chi kaen	金枪鱼罐头
햄	haem	火腿
소시지	so se ji	火腿肠鱼丸
어묵	eo muk	速冻饺子
냉동만두	naeng dong man du	饼干
과자	gwa ja	咖喱
카레	ka le	炸酱
짜장	jja jang	年糕片

韩国语标记	读法	意义
떡국떡	ddeok guk ddeok	炒年糕
떡볶이떡	ddeok bbo ggi ddeok	甜萝卜
단무지	dan mu ji	腌黄萝卜
식당 음식	sik dang eum sik	饭店饮食
짜장면	jja jang myeon	炸酱面
삼겹살	sam gyeob sal	五花肉
돈가스	don ga si	猪排
생선회	saeng seon hoe	生鱼片
양념치킨	yang nyeom chi kin	调料炸鸡
스파게티	si pa ge ti	意大利面
피자	pi ja	匹萨
찜닭	jjim dak	炖鸡
초밥	cho bap	醋味饭
우동	u dong	乌冬面
조리법	jo li beop	烹调方法
찜	jjim	炖
구이	gu i	烤
볶음	bo geum	炒
튀김	twi gim	炸
조림	jo lim	酱
삶음	sal meum	煮
끓임	ggeu lim	熬
무침	mu chim	炝拌
비빔	bi bim	拌
말림	mal lim	晾干

☎ 全国多文化家庭支援中心联系电话　　1577-5432

地区	中心名称	联系电话
首尔	钟路区多文化家庭支援中心	02-764-3521
	龙山区多文化家庭支援中心	02-792-9175
	广津区多文化家庭支援中心	02-458-0666
	东大门区多文化家庭支援中心	02-957-1073
	中浪区多文化家庭支援中心	02-435-4149
	城北区多文化家庭支援中心	02-953-0468
	江北区多文化家庭支援中心	02-945-7381
	芦原区多文化家庭支援中心	02-979-3502
	恩平区多文化家庭支援中心	02-376-3761
	西大门区多文化家庭支援中心	02-375-7530
	麻浦区多文化家庭支援中心	02-3142-5027
	江西区多文化家庭支援中心	02-2606-2037
	九老区多文化家庭支援中心	02-869-0317
	衿川区多文化家庭支援中心	02-803-7743
	永登浦区多文化家庭支援中心	02-846-5432
	铜雀区多文化家庭支援中心	02-599-3260
	冠岳区多文化家庭支援中心	02-883-9383
	松坡区多文化家庭支援中心	02-403-3844
	江东区多文化家庭支援中心	02-473-4986
	江南区多文化家庭支援中心	02-3414-3346
	城东区多文化家庭支援中心	02-3395-9445
	道峰区多文化家庭支援中心	02-990-5432
	杨川区多文化家庭支援中心	02-2699-6900
釜山	釜山镇区多文化家庭支援中心	051-817-4313
	南区多文化家庭支援中心	051-610-2027
	北区多文化家庭支援中心	051-330-3407
	海云台区多文化家庭支援中心	051-702-8002
	沙下区多文化家庭支援中心	051-205-8345
	沙上区多文化家庭支援中心	051-320-8345
	机张郡多文化家庭支援中心	051-723-0419

地区	中心名称	联系电话
釜山	东莱区多文化家庭支援中心	051-506-5766
大邱	东区多文化家庭支援中心	053-961-2203
	西区多文化家庭支援中心	053-341-8312
	南区多文化家庭支援中心	053-475-2324
	寿城区多文化家庭支援中心	053-764-4317
	达西区多文化家庭支援中心	053-580-6819
	达城郡多文化家庭支援中心	053-637-4374
	北区多文化家庭支援中心	053-327-2994
仁川	中区多文化家庭支援中心	032-891-1094
	南区多文化家庭支援中心	032-875-1577
	南洞区多文化家庭支援中心	032-467-3912
	富平区多文化家庭支援中心	032-511-1800
	桂阳区多文化家庭支援中心	032-552-1016
	西区多文化家庭支援中心	032-569-1540
	江华郡多文化家庭支援中心	032-933-0980
	延寿区多文化家庭支援中心	032-851-2740
光州	西区多文化家庭支援中心	062-369-0003
	北区多文化家庭支援中心	062-363-2963
	光山区多文化家庭支援中心	062-954-8004
	南区多文化家庭支援中心	062-351-5432
大田	儒城区多文化家庭支援中心	042-252-9997
	大德区多文化家庭支援中心	042-639-2664
	东区多文化家庭支援中心	042-630-9945
	中区多文化家庭支援中心	042-223-7959
蔚山	南区多文化家庭支援中心	052-274-3185
	东区多文化家庭支援中心	052-232-3357
	蔚州郡多文化家庭支援中心	052-263-6881
	中区多文化家庭支援中心	052-248-6007
京畿	水原多文化家庭支援中心	031-257-8504
	城南市多文化家庭支援中心	031-740-1175

地区	中心名称	联系电话
	高阳市多文化家庭支援中心	031-938-9801
	富川市多文化家庭支援中心	032-320-6393
	安养市多文化家庭支援中心	031-8045-5705
	安山市多文化家庭支援中心	031-439-2209
	龙仁市多文化家庭支援中心	031-323-7133
	议政府市多文化家庭支援中心	031-878-7880
	南杨州多文化家庭支援中心	031-590-8214
	平泽市多文化家庭支援中心	031-650-2660
	光明市多文化家庭支援中心	02-2060-0453
	始兴市多文化家庭支援中心	031-319-7997
	军浦市多文化家庭支援中心	031-395-1811
	华城市多文化家庭支援中心	031-267-8785
	坡州市多文化家庭支援中心	031-949-9164
京畿	利川市多文化家庭支援中心	031-631-2260
	金浦市多文化家庭支援中心	031-980-5498
	广州市多文化家庭支援中心	031-798-7141
	安城市多文化家庭支援中心	031-677-7191
	杨州市多文化家庭支援中心	031-848-5622
	乌山市多文化家庭支援中心	031-372-1335
	骊州郡多文化家庭支援中心	031-886-0327
	东豆川市多文化家庭支援中心	031-863-3822
	加平郡多文化家庭支援中心	070-7510-5876
	九里市多文化家庭支援中心	031-556-4139
	抱川市多文化家庭支援中心	031-532-2065
	义王市多文化家庭支援中心	031-429-4782
	杨平郡多文化家庭支援中心	031-775-5951
	涟川郡多文化家庭支援中心	031-835-1107
	春川市多文化家庭支援中心	033-251-8014
江原	原州市多文化家庭支援中心	033-765-8135
	江陵市多文化家庭支援中心	033-648-3019

地区	中心名称	联系电话
江原	东海市多文化家庭支援中心	033-535-8378
	束草市多文化家庭支援中心	033-638-3523
	洪川郡多文化家庭支援中心	033-433-1925
	横城郡多文化家庭支援中心	033-344-3459
	宁越郡多文化家庭支援中心	033-372-4769
	平昌郡多文化家庭支援中心	033-332-2063
	铁原郡多文化家庭支援中心	033-452-7800
	杨口郡多文化家庭支援中心	033-481-8663
	麟蹄郡多文化家庭支援中心	033-462-3651
	太白市多文化家庭支援中心	033-554-4003
	旌善郡多文化家庭支援中心	033-562-3458
忠北	清州市多文化家庭支援中心	043-223-5253
	忠州市多文化家庭支援中心	043-856-2253
	堤川市多文化家庭支援中心	043-643-0050
	清原郡多文化家庭支援中心	043-293-8887
	报恩郡多文化家庭支援中心	043-544-5422
	沃川郡多文化家庭支援中心	043-733-1915
	永同郡多文化家庭支援中心	043-745-8489
	镇川郡多文化家庭支援中心	043-537-5431
	槐山郡多文化家庭支援中心	043-832-1078
	曾坪郡多文化家庭支援中心	043-835-3572
	阴城郡多文化家庭支援中心	043-873-8731
忠南	天安市多文化家庭支援中心	1577-8653
	公州市多文化家庭支援中心	041-856-0883
	牙山市多文化家庭支援中心	041-548-9779
	锦山郡多文化家庭支援中心	041-750-3990
	瑞山市多文化家庭支援中心	041-664-2710
	扶余郡多文化家庭支援中心	041-835-2480
	舒川郡多文化家庭支援中心	041-953-1911
	青阳郡多文化家庭支援中心	041-944-2333

地区	中心名称	联系电话
忠南	洪城郡多文化家庭支援中心	041-634-7432
	礼山郡多文化家庭支援中心	041-334-1368
	保宁市多文化家庭支援中心	041-936-8506
	论山市多文化家庭支援中心	041-735-5810
	燕岐郡多文化家庭支援中心	041-862-9338
	泰安郡多文化家庭支援中心	041-670-2396
	唐津郡多文化家庭支援中心	041-358-3673
全北	全州市多文化家庭支援中心	063-243-0333
	群山市多文化家庭支援中心	063-443-0053
	益山市多文化家庭支援中心	063-850-6046
	井邑市多文化家庭支援中心	063-531-0309
	南原市多文化家庭支援中心	063-635-5474
	金堤市多文化家庭支援中心	063-545-8506
	原州郡多文化家庭支援中心	063-291-1296
	长水郡多文化家庭支援中心	063-352-3362
	任实郡多文化家庭支援中心	063-642-1837
	淳昌郡多文化家庭支援中心	063-653-8180
	高敞郡多文化家庭支援中心	063-561-1366
	镇安郡多文化家庭支援中心	063-433-4888
	茂朱郡多文化家庭支援中心	063-322-1130
	扶安郡多文化家庭支援中心	063-580-3941
全南	丽水市多文化家庭支援中心	061-690-7160
	顺天市多文化家庭支援中心	061-742-1050
	罗州市多文化家庭支援中心	061-331-0709
	光阳市多文化家庭支援中心	061-797-6832
	潭阳郡多文化家庭支援中心	061-383-3655
	谷城郡多文化家庭支援中心	061-362-5411
	高兴郡多文化家庭支援中心	061-832-5399
	和顺郡多文化家庭支援中心	061-375-1057
	长兴郡多文化家庭支援中心	061-864-4810

地区	中心名称	联系电话
全南	海南郡多文化家庭支援中心	061-534-0017
	灵严郡多文化家庭支援中心	061-463-2929
	务安郡多文化家庭支援中心	061-452-1813
	咸平郡多文化家庭支援中心	061-324-5431
	灵光郡多文化家庭支援中心	061-353-7997
	长城郡多文化家庭支援中心	061-393-5420
	木浦郡多文化家庭支援中心	061-278-4222
	宝城郡多文化家庭支援中心	061-852-2664
	康津郡多文化家庭支援中心	061-433-9004
	莞岛郡多文化家庭支援中心	061-554-3400
	珍岛郡多文化家庭支援中心	061-544-9993
庆北	浦项市多文化家庭支援中心	054-270-5556
	庆州市多文化家庭支援中心	054-743-0770
	金泉市多文化家庭支援中心	054-439-8279
	安东市多文化家庭支援中心	054-853-3111
	龟尾市多文化家庭支援中心	054-464-0545
	荣州市多文化家庭支援中心	054-634-5431
	永川市多文化家庭支援中心	054-334-2882
	尚州市多文化家庭支援中心	054-535-1342
	闻庆市多文化家庭支援中心	054-554-5591
	庆山市多文化家庭支援中心	053-816-4071
	义城郡多文化家庭支援中心	054-832-5440
	星州郡多文化家庭支援中心	054-931-0537
	醴泉郡多文化家庭支援中心	054-654-4321
	奉化郡多文化家庭支援中心	054-673-9023
	蔚珍郡多文化家庭支援中心	054-789-5411
	青松郡多文化家庭支援中心	054-872-4320
	英阳郡多文化家庭支援中心	054-683-5432
	盈德郡多文化家庭支援中心	054-730-7383
	清道郡多文化家庭支援中心	054-373-7421

地区	中心名称	联系电话
庆北	漆谷郡多文化家庭支援中心	054-975-0834
庆南	庆尚南道多文化家庭支援中心	055-274-8337
	昌原市多文化家庭支援中心	055-225-3951
	马山市多文化家庭支援中心	055-245-8746
	晋州市多文化家庭支援中心	055-749-2325
	泗川市多文化家庭支援中心	055-832-0345
	金海市多文化家庭支援中心	055-329-6349
	密阳市多文化家庭支援中心	055-356-8875
	巨济市多文化家庭支援中心	055-682-4958
	梁山市多文化家庭支援中心	055-382-0988
	咸安郡多文化家庭支援中心	055-583-5430
	高城郡多文化家庭支援中心	055-673-1466
	南海郡多文化家庭支援中心	055-864-6965
	咸阳郡多文化家庭支援中心	055-962-2013
	居昌郡多文化家庭支援中心	055-945-1365
	陕川郡多文化家庭支援中心	055-930-4738
	统营市多文化家庭支援中心	055-640-7780
	河东郡多文化家庭支援中心	055-880-6530
	山清郡多文化家庭支援中心	055-972-1018
济州	济州市多文化家庭支援中心	064-712-1140
	西归浦市多文化家庭支援中心	064-762-1141

📖 主要团体信息

团体名	网页	电话
多文化家庭　支援　专门机构		
多文化家庭支援中心	http://liveinkorea.go.kr （英语、中国语、越南语、柬埔寨语、塔加洛语、蒙古语）	1577- 5432
(社)韩国移居女性人权中心	http://wmigrant.org	02-3672-8988 02-3672-7559
移居女性紧急支援中心	www.wm1366.org	1577-1366
结婚移民者韩国生活适应支援系统	http://aic.go.kr （韩国语、英语、中国语、越南语、日本语）	
文化/教育		
与高丽网络大学一同为多国文化家庭举办的e-学习活动	http://ecamp.cyberkorea.ac.kr （韩国语、英语、中国语、越南语、日本语、泰国语、蒙古语）	
多元文化广播沙拉TV	www.saladtv.kr （英语、中国语、泰国语、越南语、俄罗斯语、尼泊尔语、蒙古语）	
熊津多文化家庭音乐广播	http://www.wjf.kr/broadcast/main.aspx （中国语、越南语、菲律宾语、泰国语、日本语、蒙古语、阿拉伯语、俄罗斯语）	
外国人免费韩国语学习讲座	http://home.ebs.co.kr/beginning/index.html （中国语、越南语、塔加洛语）	
女性结婚移民韩国语中级讲座	http://home.ebs.co.kr/home5894/index.html （中国语、俄罗斯语、越南语）	
主要政府机构		
劳动部	www.molab.go.kr	1350
韩国产业人力工团	www.hrdkorea.or.kr	1644-8000
韩国产业安全工团	www.kosha.or.kr	032-510-0500
雇用支援中心	www.work.go.kr	1350
国家人权委员会	www.humanrights.go.kr	1331
国际劳动协力院	www.koilaf.org	02-6021-1077
出入境管理事务所(外国人综合介绍中心)	www.immigration.go.kr	1345
勤劳福祉工团	www.kcomwel.or.kr	1588-0075
大韩法律救助工团本部	www.klac.or.kr	132